高等职业教育系列教材

SMT 制造工艺实训教程

主 编 沈 敏 唐志凌

参 编 孙康明 李 静

机械工业出版社

本书全面、系统地阐述了电子产品生产中的核心工艺——SMT 生产设备的基本工作原理、生产工艺流程和质量安全控制等内容。本书共 7 章，分别介绍了 SMT 生产流程、SMT 外围设备与辅料、钎剂印刷、SMT 贴片工艺、回流焊接的原理与操作、SMT 产品质量的检测与维修、SMT 产品的品质管理及控制。

　本书涵盖了 SMT 整个生产过程的主要核心工艺，选取的生产设备具有通用性，能适用于大多数高职院校。本书本着实用的原则，主要以实训操作为主，将理论知识贯穿于实际操作中，练习和考核也以实际操作为主，适用于将所有课程安排在实训室中完成。

　本书适合作为高职高专院校电子类、通信类相关专业学生的教材，也可作为打算从事 SMT 生产的学习者的参考书。

　本书配有授课电子课件，需要的教师可登录 www.cmpedu.com 免费注册，审核通过后下载，或联系编辑索取（微信：13261377872，电话：010-88379739）。

图书在版编目（CIP）数据

SMT 制造工艺实训教程 / 沈敏，唐志凌主编. —北京：机械工业出版社，2017.6
（2024.8 重印）
高等职业教育系列教材
ISBN 978-7-111-56880-3

Ⅰ. ①S… Ⅱ. ①沈… ②唐… Ⅲ. ①SMT 技术－高等职业教育－教材
Ⅳ. ①TN305

中国版本图书馆 CIP 数据核字（2017）第 108547 号

机械工业出版社（北京市百万庄大街 22 号　邮政编码 100037）
策划编辑：王　颖　　　责任编辑：王　颖
责任校对：张艳霞　　　责任印制：邹　敏
北京富资园科技发展有限公司印刷

2024 年 8 月第 1 版·第 3 次印刷

184mm×260mm·11.5 印张·273 千字

标准书号：ISBN 978-7-111-56880-3

定价：45.00 元

电话服务　　　　　　　　　　网络服务

客服电话：010-88361066　　　机　工　官　网　www.cmpbook.com
　　　　　010-88379833　　　机　工　官　博　weibo.com/cmp1952
　　　　　010-68326294　　　金　书　网　www.golden-book.com
封底无防伪标均为盗版　　机工教育服务网：www.cmpedu.com

高等职业教育系列教材
电子类专业编委会成员名单

出 版 说 明

党的二十大报告首次提出"加强教材建设和管理",表明了教材建设国家事权的重要属性,凸显了教材工作在党和国家事业发展全局中的重要地位,体现了以习近平同志为核心的党中央对教材工作的高度重视和对"尺寸课本、国之大者"的殷切期望。教材作为教育目标、理念、内容、方法、规律的集中体现,是教育教学的基本载体和关键支撑,是教育核心竞争力的重要体现。建设高质量教材体系,对于建设高质量教育体系而言,既是应有之义,也是重要基础和保障。为落实立德树人根本任务,发挥铸魂育人实效,机械工业出版社组织国内多所职业院校(其中大部分院校入选"双高"计划)的院校领导和骨干教师展开专业和课程建设研讨,以适应新时代职业教育发展要求和教学需求为目标,规划并出版了"高等职业教育系列教材"丛书。

该系列教材以岗位需求为导向,涵盖计算机、电子信息、自动化和机电类等专业,由院校和企业合作开发,由具有丰富教学经验和实践经验的"双师型"教师编写,并邀请专家审定大纲和审读书稿,致力于打造充分适应新时代职业教育教学模式、满足职业院校教学改革和专业建设需求、体现工学结合特点的精品化教材。

归纳起来,本系列教材具有以下特点:

1)充分体现规划性和系统性。系列教材由机械工业出版社发起,定期组织相关领域专家、院校领导、骨干教师和企业代表开展编委会年会和专业研讨会,在研究专业和课程建设的基础上,规划教材选题,审定教材大纲,组织人员编写,并经专家审核后出版。整个教材开发过程以质量为先,严谨高效,为建立高质量、高水平的专业教材体系奠定了基础。

2)工学结合,围绕学生职业技能设计教材内容和编写形式。基础课程教材在保持扎实理论基础的同时,增加实训、习题、知识拓展以及立体化配套资源;专业课程教材突出理论和实践相统一,注重以企业真实生产项目、典型工作任务、案例等为载体组织教学单元,采用项目导向、任务驱动等编写模式,强调实践性。

3)教材内容科学先进,教材编排展现力强。系列教材紧随技术和经济的发展而更新,及时将新知识、新技术、新工艺和新案例等引入教材;同时注重吸收最新的教学理念,并积极支持新专业的教材建设。教材编排注重图、文、表并茂,生动活泼,形式新颖;名称、名词、术语等均符合国家有关技术质量标准和规范。

4)注重立体化资源建设。系列教材针对部分课程特点,力求通过随书二维码等形式,将教学视频、仿真动画、案例拓展、习题试卷及解答等教学资源融入到教材中,使学生学习课上课下相结合,为高素质技能型人才的培养提供更多的教学手段。

由于我国高等职业教育改革和发展的速度很快,加之我们的水平和经验有限,因此在教材的编写和出版过程中难免出现疏漏。恳请使用本系列教材的师生及时向我们反馈相关信息,以利于我们今后不断提高教材的出版质量,为广大师生提供更多、更适用的教材。

机械工业出版社

前　言

在整个电子行业中，表面贴装技术（Surface Mounted Technology，SMT）正推动着电子产品制造业发生巨大的变化。从 20 世纪 80 年代 SMT 开始应用以来，随着元器件的小型化，电子产品的精密化，SMT 发生着一次又一次的工艺革新。经过几十年的发展，我国已经成为全球拥有贴片机数量最多的国家之一，也是全球最大、最重要的电子产品 SMT 生产基地之一。

电子类、通信类专业作为高职高专院校的传统专业，一直以来，就业市场上对相关技术人员的需求巨大，其中 SMT 生产和维护技术人员一直是电子产品产业链中的主要高端需求，相关专业的毕业生也能得到很好的事业发展和薪酬回报。电子产品制造工艺和生产日新月异，这对高等职业教育的人才培养改革不断提出新的目标。为了满足高职高专人才能力培养的特定需求，SMT 生产工艺强调对学生应用能力的训练。本书本着理论够用、注重实践的思想而编写。本课程是必修职业技术课，通过本课程的学习和实操，学生能进行上机操作，能初步独立完成简单电子产品 PCB 的丝印、贴片和回流焊流程，并具备很好的安全意识，培养出产品质量控制意识。

本书以满足目标岗位对学生能力的要求作为指导思想，力求实现高职高专院校"任务导向、项目驱动"的教学理念。主要内容包括 SMT 生产流程、SMT 外围设备与辅料、钎剂印刷（也称为焊料印刷）、SMT 贴片工艺、回流焊接的原理与操作、SMT 产品质量的检测与维修、SMT 产品的品质管理及控制等。以完整电子产品 SMT 生产流程为主线，将设备知识、原材料知识、操作知识、质量控制、安全意识融入其中。完成本课程的学习之后，学生能够对 SMT 生产工艺和制程有所了解，具备从事 SMT 生产的基本技能，为进入相关工作岗位打下坚实的基础。

考虑到 SMT 生产设备种类繁多，编者力求使本书具有通用性和实用性，所有实训项目和设备选取目前市场上广泛应用的设备。本书由重庆工商职业学院沈敏、唐志凌任主编，沈敏主要负责第 1、2、5 章的编写和全书统稿。唐志凌主要负责第 3、4 章的编写，孙康明、李静参编，主要负责第 6、7 章的编写及实训任务编写。建议参考学时数为 80 学时，均安排在实训室授课，学校可根据自身的设备情况安排。

由于编者水平有限，书中难免存在一些不足和疏漏之处，恳请广大读者批评指正。

编　者

目　录

第1章　SMT 生产流程

学习内容

(1) SMT 的基本概念
(2) SMT 元器件的类型
(3) SMT 的典型工艺流程
(4) SMT 主要工序中的设备
(5) SMT 主要工序中的工作任务

学习目标

通过本章的学习，初步了解 SMT 生产线的构成和典型工艺流程，对 SMT 这种现代电子产品的主流制造技术有一个整体性、轮廓性的认识和印象。

1.1　SMT 概述

SMT 是英文 Surface Mounting Technology 的缩写，中文意思是：表面贴装技术。它是相对于传统的贯通孔插件焊接技术（Through-Hole Technology，THT）而发展起来的一种新的组装技术，也是目前电子组装行业里最流行的一种技术和工艺。SMT 是在印制电路板（Printed Circuit Board，PCB）基础上进行加工的系列工艺流程的简称。

从广义上来讲，SMT 是表面安装元件（Surface Mount Component，SMC）、表面安装器件（Surface Mount Device，SMD）、表面安装印制电路板（Surface Mount print circuit Board，SMB）以及普通混装印制电路板点胶、涂膏、表面安装设备、元器件取放、焊接和在线测试等技术过程的统称。

SMT 是将表面组装元器件贴装到指定的涂覆了焊膏或粘合剂的印制电路板（PCB）焊盘上，然后经过回流焊接或波峰焊接方式使表面组装元器件与 PCB 焊盘之间建立可靠的机械和电气连接的技术。

如今电子行业飞速发展，电子产品追求小型化，以前使用的穿孔插件元器件已无法缩小。电子产品功能更完整，所采用的集成电路（IC）已无穿孔元器件，特别是大规模、高集成 IC，不得不采用表面贴片元器件。产品批量化，生产自动化，厂方要以低成本高产量，出产优质产品以迎合顾客需求及加强市场竞争力。电子元器件的发展，集成电路（IC）的开发，半导体材料的多元应用促使电子科技革命势在必行，可以想象，在 Intel、AMD 等国际 IC 器件的生产商的生产工艺精进到 20 多纳米的情况下，SMT 这种表面组装技术和工艺的发展也是不得以而为之的情况。

SMT 贴片加工的优点：组装密度高、电子产品体积小、重量轻，贴片元件的体积和重量只有传统插装元器件的 1/10 左右，一般采用 SMT 之后，电子产品体积缩小 40%～60%，重量减轻 60%～80%；可靠性高、抗振能力强，焊点缺陷率低；高频特性好；减少了电磁和射频干扰；易于实现自动化，提高生产效率；降低成本达 30%～50%；节省材料、能源、设备、人力和时间等。

1.1.1　SMT 的特点

SMT 是在 THT 基础上发展起来的，SMT 与 THT 二者的比较详如图 1-1 所示。在图 1-1a 中，大多数元器件与其引脚都位于印制电路板（Printed Circuit Board，PCB）的同一面上，而在图 1-1b 中，元器件的引脚要穿过 PCB，焊点与元器件位于 PCB 的不同面上。在 PCB 同一面上完成元器件引脚和 PCB 焊盘粘合的技术，就称为 SMT，即表面贴装技术。

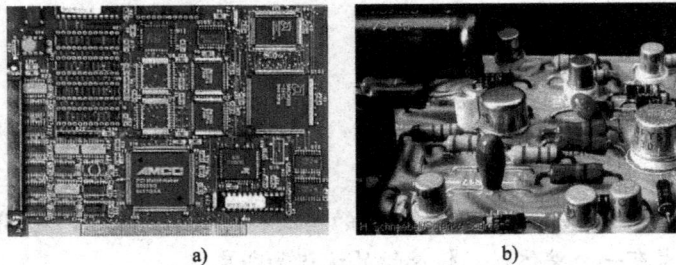

图 1-1　SMT 与 THT 的比较
a) SMT　b) THT

表 1-1 较详细介绍了 SMT 与 THT 两种技术的特点。

表 1-1　SMT 与 THT 两种技术的特点比较

类　　型	SMT（Surface Mount Technology）	THT（Through Hole Technology）
元器件	SOIC，SOT，SSOIC，LCCC，PLCC，QFP，PQFP，片式电阻电容	双列直插或 DIP，针阵列 PGA 有引线电阻，电容
基板	印制电路板，1.27mm 网格或更细，导电孔仅在层与层互连调用；0.3～0.5mm，布线密度高 2 倍以上，厚膜电路，薄膜电路，0.5mm 网格或更细	印制电路板，2.54mm 网格，0.8mm～0.9mm 通孔
焊接方法	回流焊或波峰焊	波峰焊
面积	小，缩小比约 1:3～1:10	大
组装方法	表面安装-贴装	穿孔插入
自动化程度	自动贴片机，效率高	自动插件机

1.1.2　SMT 的优点

（1）组装密度高

由于表面贴装元器件（SMC/SMD）在体积和重量上都大大减小，为此，PCB 的单位面积上元器件数目自然也就增多了。

（2）可靠性高

由于片式元器件小而轻，抗振动能力强，自动化生产程度高，故贴装可靠性高。目前几乎所有中、高端电子产品都采用 SMT 工艺。

（3）高频特性好

由于片式元器件通常为无引线或短引线器件，因此在 PCB 设计方面，可降低寄生电容的影响，提高电路的高频特性。采用片式元器件设计的电路最高频率可达 3GHz，而采用通孔元件仅为 500MHz。

（4）降低成本

使用 PCB 的面积减小，一般为通孔 PCB 面积的 1/12；PCB 上钻孔数量减小，节约返修费用；频率特性提高，减少了电路调试费用；片式元器件体积小、重量轻，减少了包装、运输和储存费用。片式元器件发展快，成本迅速下降，价格也相当低。

（5）便于自动化生产

SMT 采用自动贴片机的真空吸嘴吸放元件，真空吸嘴小于元件外形，为此可完全自动化生产；而穿孔安装印制板要实现完全自动化，则需扩大原 PCB 面积，这样才能使自动插件的插装头将元件插入，若没有足够的空间间隙，将碰坏零件。

（6）SMT 的不足

厂家初始投资大，生产设备结构复杂，涉及技术面宽，费用昂贵；由于元器件微小，则电子产品维修工作困难，需专用工具；另外在加工过程中元器件与印制板之间热膨胀系数（CTE）要一致等。

1.2 SMT 元器件

SMT 元器件是无引线或短引线元器件，常把它分为 SMT 元件（SMC）和 SMT 器件（SMD）两大类。比如片式电阻器、电容器、电感器等便是 SMC；小外形封装（SOP）的晶体管及四方扁平封装（QFP）的集成电路等便是 SMD。

1.2.1 SMT 元件

SMT 元件包括片式电阻器、片式电容器和片式电感器等，常见实物外形如图 1-2 所示。

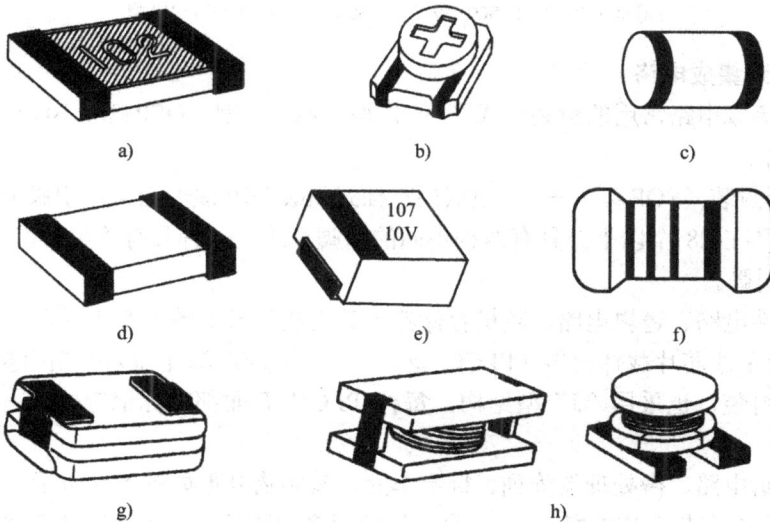

图 1-2　常见 SMT 元件实物外形图

a) 矩形片式电阻器 b) 片式电位器 c) 圆柱形贴装电阻器 d) 矩形片式电容器 e) 片式钽电解电容器
f) 圆柱形贴装电容器 g) 模压型片式电感器 h) 片式电感器

1.2.2 SMT 器件

1. 表面安装二极管

表面安装二极管常用的封装形式有圆柱形、矩形薄片形和 SOT-23 型三种，其外形实物如图 1-3 所示。

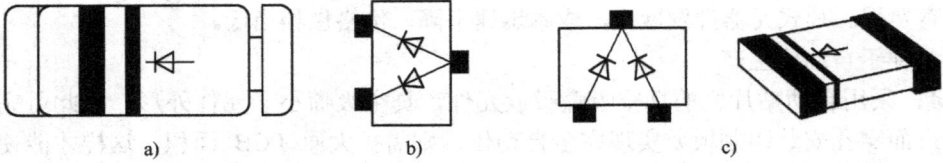

图 1-3　常用表面安装二极管实物图

a) 圆柱形无端子二极管　b) SOT-23 型片状二极管　c) 矩形薄片二极管

2. 表面安装晶体管

表面安装晶体管常用的封装形式有 SOT-23 型、SOT-89 型、SOT-143 型和 TO-252 型四种，其外形实物如图 1-4 所示。

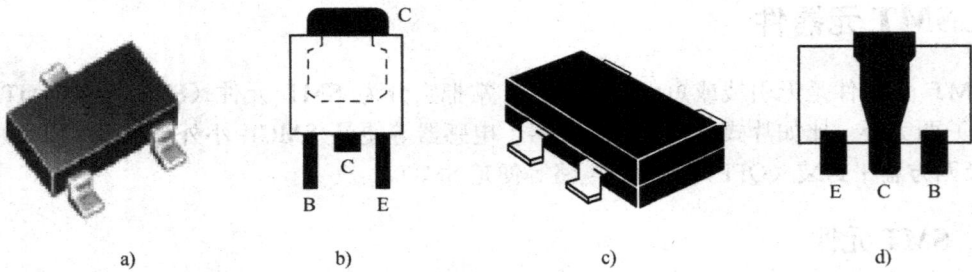

图 1-4　常用表面安装晶体管实物图

a) SOT-23 型　b) SOT-89 型　c) SOT-143 型　d) SOT-252 型

3. 表面安装集成电路

表面安装集成电路常用的封装形式有 SOP 型、PLCC 型、QFP 型、BGA 型、CSP 型和 MCM 型等几种。

1）小外形封装（SOP 型）—— 由双列直插式封装 DIP 演变而来，引脚分布在器件的两边，其引脚数目在 28 个以下。具有两种不同的引脚形式：一种具有"翼形"引脚，另一种具有"J"型引脚。

常见于线性电路、逻辑电路、随机存储器。其实物外形如图 1-5 所示。

2）塑封有引线芯片载体封装（PLCC 型）—— 由 DIP 演变而来，当引脚数超过 40 只时便采用此类封装，也采用"J"型结构。每种 PLCC 表面都有标记定位点，以供贴片时判定方向。

常见于逻辑电路、微处理器阵列、标准单元。其实物外形如图 1-6 所示。

3）四方扁平封装（QFP 型）—— 是一种塑封多引脚器件，四周有"翼形"引脚，其外形有方形和矩形两种。美国开发的 QFP 器件封装，则在四周各有一凸出的角，起到对器件端子的防护作用。

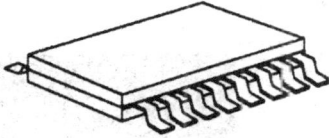

图 1-5　SOP 型 IC 实物外形图　　　　　　　　图 1-6　PLCC 型 IC 实物外形图

常见封装为门阵列的 ASIC（专用集成电路）器件。其实物外形如图 1-7 所示。

图 1-7　QFP 型 IC 实物外形图

4）球栅阵列封装（BGA 型）—— 其引脚成球形阵列分布在封装的底面，因此它可以有较多的端子数量且端间距较大。由于它的引脚端子更短，组装密度更高，则电气性能更优越，特别适合在高频电路中使用。

但是，BGA 芯片焊后检查和维修比较困难，必须使用 X 射线透视或 X 射线分层检测，才能确保焊接连接的可靠性，设备费用大。另外，BGA 芯片易吸湿，使用前应经烘干处理。其实物外形如图 1-8 所示。

图 1-8　BGA 型 IC 实物外形图

5）芯片尺寸封装（CSP 型）—— 尺寸与裸芯片（Bare Chip）相同或稍大的集成电路，比 BGA 进一步微型化，是一种有品质保证的器件。

它比 QFP 提供了更短的互连，因此电性能更好，即阻抗低、干扰小、噪声低、屏蔽效果好，更适合在高频领域应用。其实物外形如图 1-9 所示。

6）多芯片模块（MCM 型）—— 为解决单一芯片集成度低和功能不够完善的问题，把多个高集成度、高性能、高可靠性的芯片，在高密度多层互联基板上用 SMT 技术组成多种多样的电子模块系统，从而出现 MCM（多芯片模块）系统。

具有封装延迟时间缩小、易于实现模块高速化、缩小整机模块的封装尺寸和重量、系统可靠性大大提高的优点。其实物外形如图 1-10 所示。

图 1-9　CSP 型 IC 实物外形图

图 1-10　多芯片模块

1.3　SMT 典型工艺与流程

1.3.1　SMT 基本工艺

SMT 基本工艺构成要素包括丝印（或点胶）、贴装（固化）、回流焊接、清洗、检测和返修。

1）丝印：其作用是将焊膏或贴片胶漏印到 PCB 的焊盘上，为元器件的焊接做准备。所用设备为丝印机（丝网印刷机），位于 SMT 生产线的最前端。

2）点胶：它是将胶水滴到 PCB 的固定位置上，其主要作用是将元器件固定到 PCB 上。所用设备为点胶机，位于 SMT 生产线的最前端或检测设备的后面。

3）贴装：其作用是将表面组装元器件准确安装到 PCB 的固定位置上。所用设备为贴片机，位于 SMT 生产线中丝印机的后面。

4）固化：其作用是将贴片胶融化，从而使表面组装元器件与 PCB 牢固黏结在一起。所用设备为固化炉，位于 SMT 生产线中贴片机的后面。

5）回流焊接：其作用是将焊膏融化，使表面组装元器件与 PCB 牢固黏结在一起。所用设备为回流焊炉，位于 SMT 生产线中贴片机的后面。

6）清洗：其作用是将组装好的 PCB 上面的对人体有害的焊接残留物如钎剂等除去。所用设备为清洗机，位置可以不固定，可以在线，也可以不在线。

7）检测：其作用是对组装好的 PCB 进行焊接质量和装配质量的检测。所用设备有放大镜、显微镜、在线测试仪（ICT）、飞针测试仪、自动光学检测（AOI）、X-RAY 检测系统、功能测试仪等。位置根据检测的需要，可以配置在生产线合适的地方。

8）返修：其作用是对检测出现故障的 PCB 进行返工。所用工具为烙铁、返修工作站等。配置在生产线中任意位置。

1.3.2　SMT 典型流程

图 1-11 为一条典型 SMT 生产线构成。

SMT 生产流程主要由备料、丝网印刷（Screen Printer）、点胶、元器件贴装（Mount）、回流焊（再流焊 Reflow）、清洗、测试及返修等几个步骤构成。在实际的生产中还包括在生产之前的工艺设计和测试设计、在生产过程中的品质管理与设备管理以及产品返修等。SMT

四个关键的工序如图 1-12 所示。

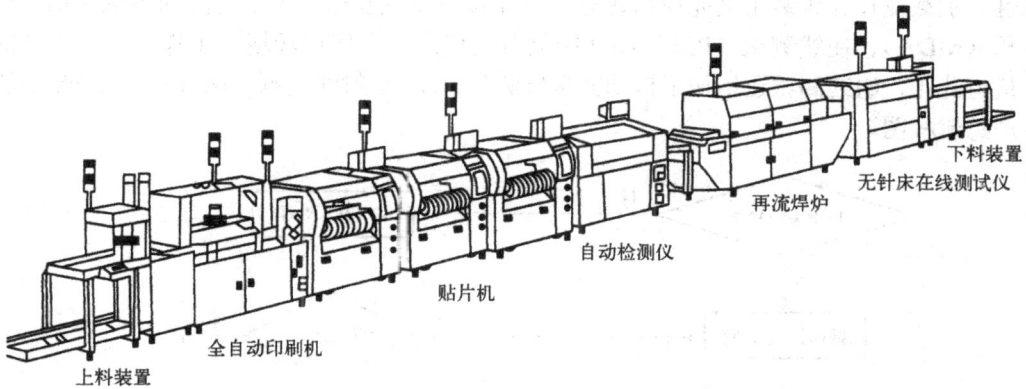

图 1-11 典型 SMT 生产线构成

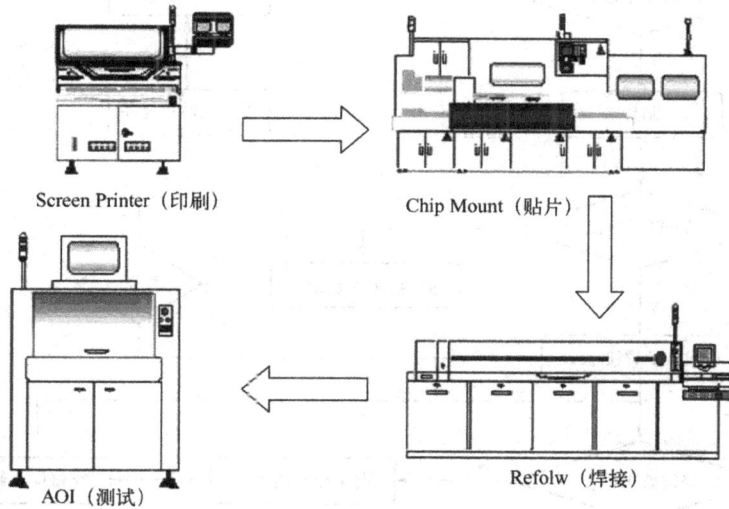

图 1-12 SMT 生产流程

1）印刷（Screen Printer）：就是将 PCB 放到或是运到工作台面，以真空或是夹具固定 PCB，将钢版和 PCB 定位好，把钎剂或是导电胶以刮刀缓慢地压挤过钢版上的小开孔再使其附着到 PCB 的焊垫上。

2）贴片（Chip Mount）：利用贴片机将表面组装元器件准确安装到 PCB 的固定位置上的工艺，贴片机的贴装精度及稳定性将直接影响到所加工电路板的品质及性能。目前主流贴片机主要有两种类型：拱架型（Gantry）和转塔型（Turret）。

3）焊接（Reflow）：回流焊是 SMT 流程中非常关键的一环，其作用是将焊膏融化，使表面组装元器件与 PCB 牢固黏结在一起，如不能较好地对其进行控制，将对所生产产品的可靠性及使用寿命会产生灾难性影响。回流焊的方式有很多，较早前比较流行的方式有红外式及气相式，现在较多厂商采用的是热风式回流焊，还有部分先进的或特定场合使用的再流方式，如热型芯板、白光聚焦、垂直烘炉等。

4）测试（Automatic Optical Inspection，AOI）：电子贴装测试，包括两种基本类型：裸

7

板测试和加载测试。裸板测试是在完成线路板生产后进行的，主要检查短路、开路、网表的导通性。加载测试在组装工艺完成后进行，它比裸板测试复杂。组装阶段的测试包括生产缺陷分析（MDA）、在线测试（ICT）和功能测试（使产品在应用环境下工作）及其三者的组合。最近几年，组装测试还增加了自动光学检测和自动 X 射线检测。图 1-13 为 SMT 详细的生产总流程图。

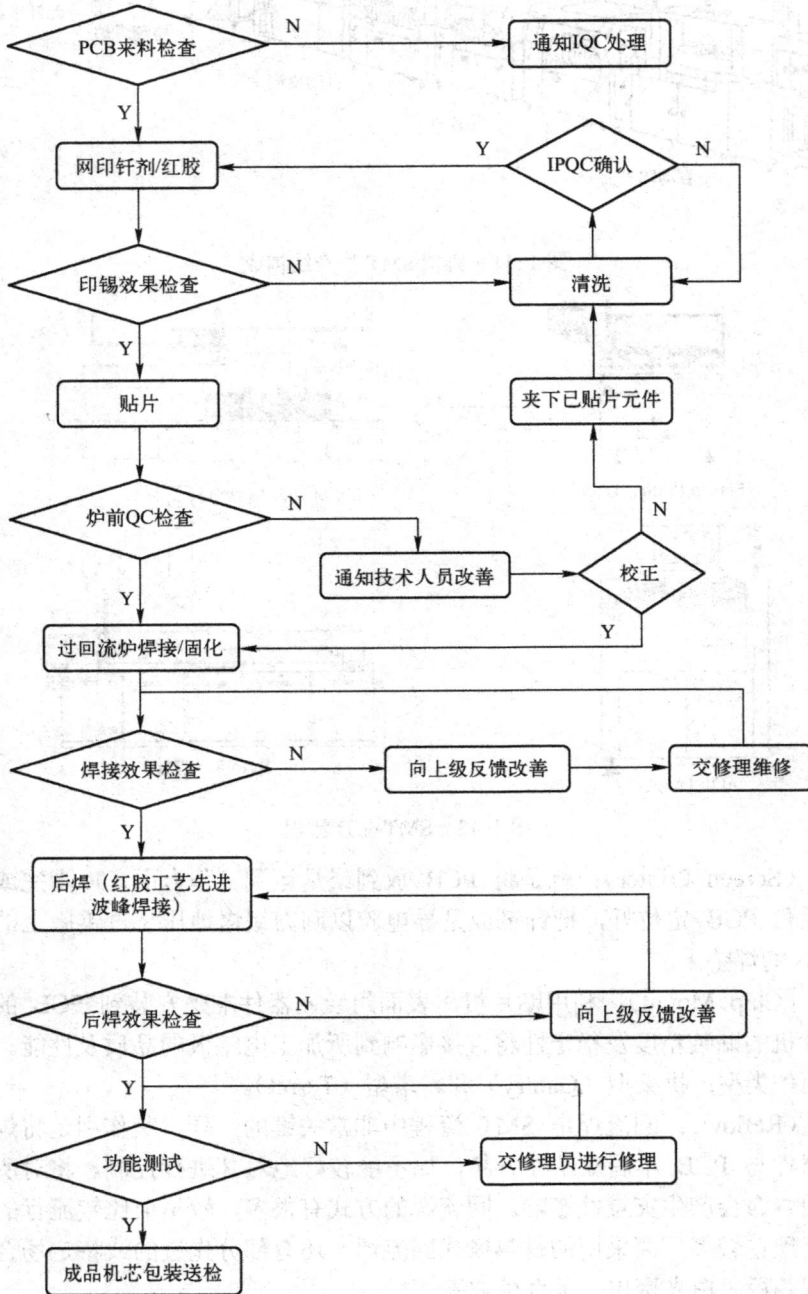

图 1-13 SMT 生产总流程图

1.4 SMT 典型案例介绍

1.4.1 SMT 生产线的设备配置

SMT 生产基本都由机器来完成，不同的工序配置不同的机器设备，操作员根据机器的操作手册设置参数并进行操作。SMT 生产线的基本机器配置如图 1-14 所示。

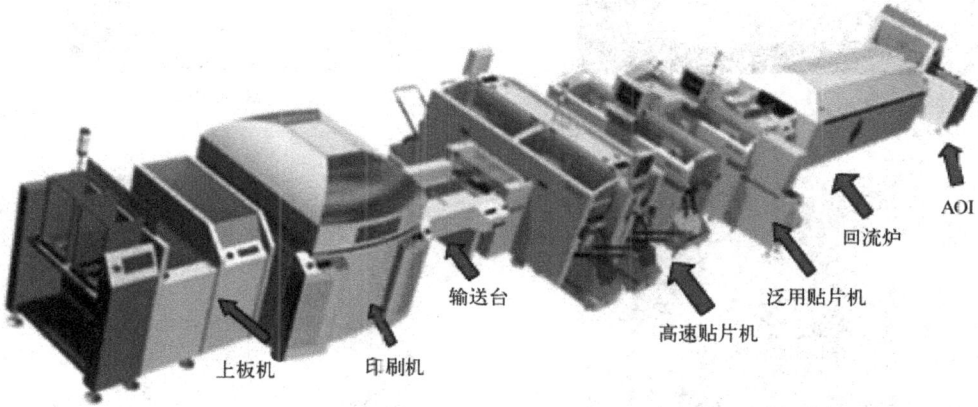

图 1-14　SMT 生产线的机器配置

SMT 生产线上各机器的作用如下。

1）上板机：上板机负责向印刷机送板。根据印刷机的需求，把装在集板箱中的板子送到印刷机里，如图 1-15 所示。

图 1-15　上板机

2）印刷机：通过钢网将钎剂或红胶按一定剂量和形状转移到 PCB 指定位置，在贴片时粘着元器件，如图 1-16 所示。

3）贴片机：按生产要求，把指定元器件放到指定的位置，如图 1-17 所示。

4）回流焊炉：通过热风回流将钎剂熔化后，使元器件的引脚和 PCB 的焊盘形成共晶体焊接，或对红胶加温使红胶固化从而将元器件和 PCB 粘着在一起，如图 1-18 所示。

DEK印刷机

MPN印刷机

图 1-16　印刷机

SIEMENS高速贴片机

SIEMENS泛用贴片机

PHILIPS高速贴片机

PHILIPS泛用贴片机

图 1-17　贴片机

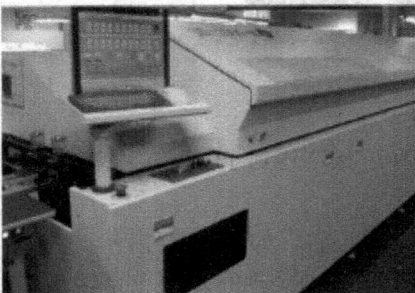

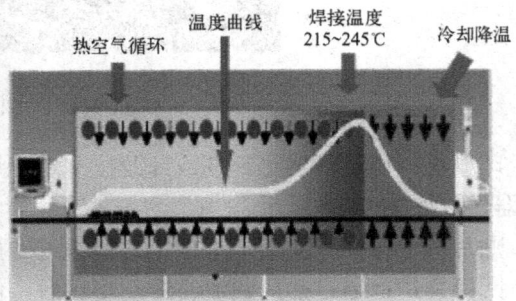

热空气循环　温度曲线　焊接温度 215~245℃　冷却降温

图 1-18　回流焊机

5) AOI：对过完回流焊的 PCB 进行贴装和焊接效果检查。主要检查内容有缺件、错位（偏位）、错件、极性反（反向）、破损、污染、少锡、多锡、短路（连锡）和虚焊（假焊）等，如图 1-19 所示。

图 1-19　AOI 自动光学检测机

1.4.2　SMT 半成品

产品从各机器流出时的状态如图 1-20 所示。

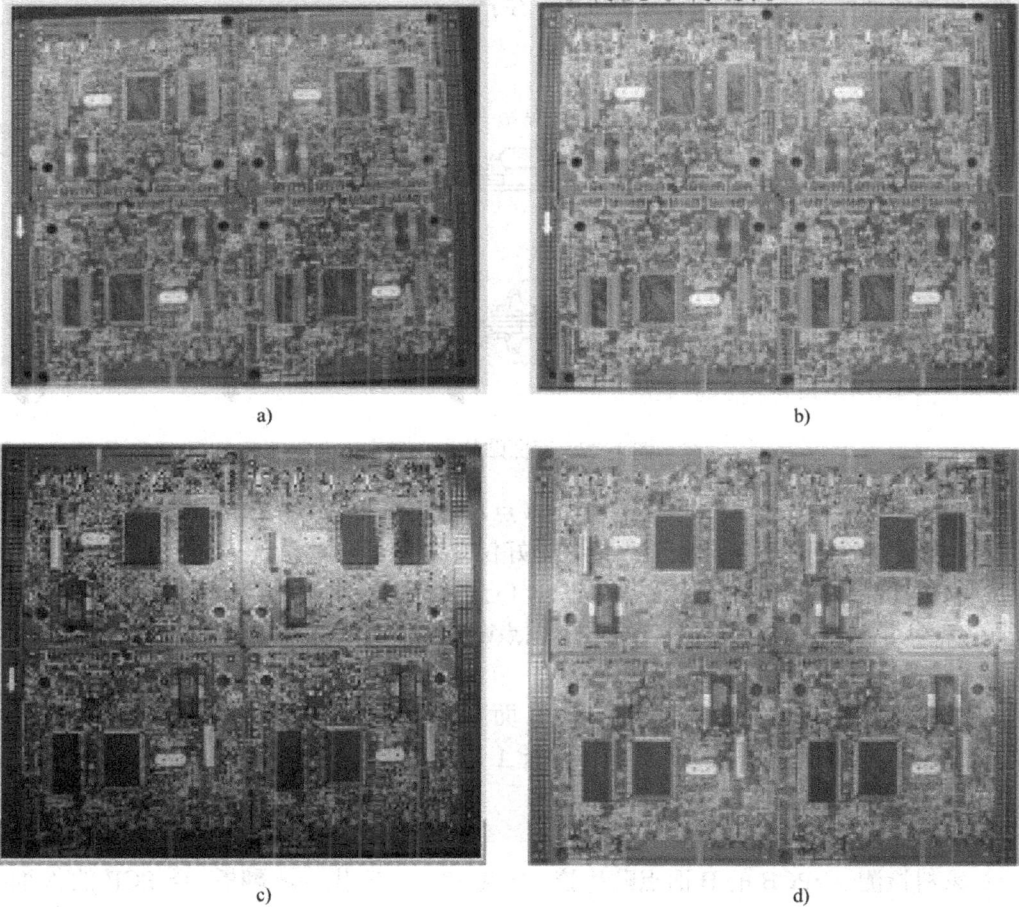

a)

b)

c)

d)

图 1-20　产品从各机器流出时的状态

a) 上板机空板投入　b) 印刷机印刷钎剂　c) 贴片机贴完元件　d) 回流炉焊接完元件

1.4.3 SMT 常用生产工艺

1. 普通单面钎剂生产工艺

如图 1-21 所示。

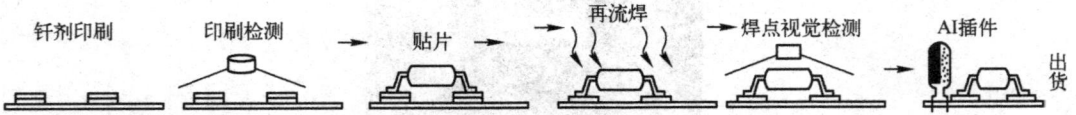

图 1-21　单面钎剂生产工艺

1）单面组装工艺流程：来料检测 => 丝印焊膏（点贴片胶）=> 贴片 => 烘干（固化）=> 回流焊接 =>清洗 => 检测 => 返修。

2）单面混装工艺：来料检测 => PCB 的 A 面丝印焊膏（点贴片胶）=> 贴片 =>烘干（固化）=>回流焊接 => 清洗 => 插件 => 波峰焊 => 清洗 => 检测 => 返修。

2. 普通双面贴装（一面钎剂一面红胶）生产工艺

如图 1-22 所示。

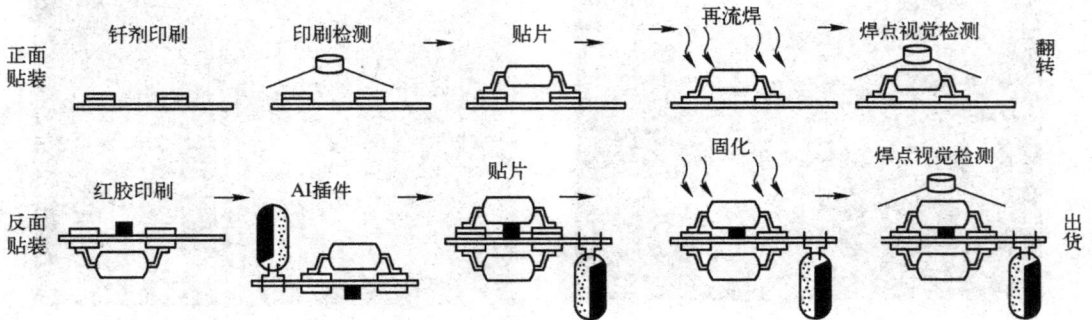

图 1-22　双面贴装生产工艺

1）来料检测 => PCB 的 A 面丝印焊膏（点贴片胶）=> 贴片 PCB 的 B 面丝印焊膏（点贴片胶）=> 贴片 =>烘干 => 回流焊接（最好仅对 B 面）=> 清洗 => 检测 => 返修。

2）来料检测 => PCB 的 A 面丝印焊膏（点贴片胶）=> 贴片 => 烘干（固化）=>A 面回流焊接 => 清洗 => 翻板 = PCB 的 B 面点贴片胶 => 贴片 => 固化 =>B 面波峰焊 => 清洗 => 检测 => 返修。

此工艺适用于在 PCB 的 A 面回流焊，B 面波峰焊。在 PCB 的 B 面组装的 SMD 中，只有 SOT 或 SOIC（28）引脚以下时，宜采用此工艺。

3. 普通双面钎剂生产工艺

如图 1-23 所示。

1）来料检测 =>PCB 的 B 面点贴片胶 => 贴片 => 固化 => 翻板 => PCB 的 A 面插件 => 波峰焊 => 清洗 => 检测 => 返修。

先贴后插，适用于 SMD 元件多于分离元件的情况。

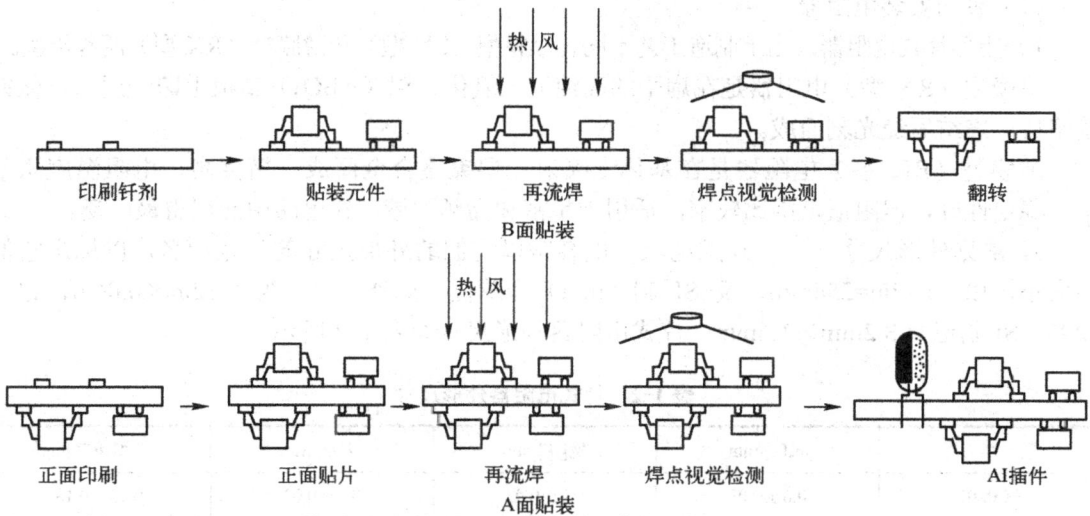

图 1-23 双面钎剂生产工艺

2）来料检测 => PCB 的 A 面插件（引脚打弯）=> 翻板 => PCB 的 B 面点贴片胶 =>贴片 => 固化 => 翻板 => 波峰焊 => 清洗 => 检测 => 返修。

先插后贴，适用于分离元件多于 SMD 元件的情况。

3）来料检测 => PCB 的 A 面丝印焊膏 => 贴片 => 烘干 => 回流焊接 =>插件，引脚打弯 => 翻板 => PCB 的 B 面点贴片胶 => 贴片 => 固化 => 翻板 => 波峰焊 =>清洗 => 检测 => 返修。

适用于 A 面混装，B 面贴装。

4）来料检测 =>PCB 的 B 面点贴片胶 => 贴片 => 固化 => 翻板 =>PCB 的 A 面丝印焊膏 => 贴片 =>A 面回流焊接 => 插件 =>B 面波峰焊 => 清洗 => 检测 =>返修。

适用于 A 面混装，B 面贴装。

1.5 实训 1 SMT 元器件识别

1. 实训目的及要求

1）熟悉 SMT 元器件的型号及参数。

2）掌握如何使用测试工具对元器件的技术参数进行测试。

2. 实训器材

1）表笔特制的数字万用表	1 块。
2）焊接有 SMT 元器件的电路板	1 块。
3）带台灯的放大镜	1 个。
4）SMT 元器件	若干。
5）游标卡尺	一套。

3. 相关知识点

（1）表面安装电阻器

1）矩形片式电阻器，由于制造工艺不同有厚膜型（RN 型）和薄膜型（RK 型）两种类型。

厚膜型（RN 型）电阻器是在扁平的高纯度三氧化二铝（AI_2O_3）基板上印一层二氧化钌基浆料，烧结后经光刻而成。

薄膜型（RK 型）电阻器是在基体上喷射一层镍铬合金而成。精度高、电阻温度系数小、稳定性好，但阻值范围比较窄，适用于精密和高频领域，在电路中应用得最广泛。

a）常见外形尺寸 —— 片式电阻、电容常以它们的外形尺寸的长宽命名，以标志它们的大小，以 in（1in=254mm）及 SI 制（mm）为单位。如外形尺寸为 0.12in×0.06in，记为 1206；SI 制记为 3.2mm×1.6mm。片式电阻器外形尺寸如表 1-2 所示。

表 1-2　片式电阻器外形尺寸

尺 寸 号	长[L]/mm	宽[W]/mm	高[H]/mm	端头宽度[T]/mm
RC0201	0.6±0.03	0.3±0.03	0.3±0.03	0.15～0.18
RC0402	1.0±0.03	0.5±0.03	0.3±0.03	0.3±0.03
RC0603	1.56±0.03	0.8±0.03	0.4±0.03	0.3±0.03
RC0805	1.8～2.2	1.0～1.4	0.3～0.7	0.3～0.6
RC1206	3.0～3.4	1.4～1.8	0.4～0.7	0.4～0.7
RC1210	3.0～3.4	2.3～2.7	0.4～0.7	0.4～0.7

b）片式电阻器的精度 —— 根据 IEC3 标准"电阻器和电容器的优选值及其公差"的规定，电阻值允许偏差为±10%，称为 E12 系列；电阻值允许偏差为±5%，称为 E24 系列；电阻值允许偏差为±1%，称为 E96 系列。

c）片式电阻器的功率 —— 功率大小与外形尺寸对应关系如表 1-3 所示。

表 1-3　片式电阻器的功率

型　号	0805	1206	1210
功率/W	1/16	1/8	1/4

2）圆柱形贴装电阻器，也称为金属电极无端子端面元件（MELF），主要有碳膜 ERD 型、高性能金属膜 ERO 型及跨接用的 0Ω型电阻三种。

它与片式电阻相比，具有无方向性和正反面性、包装使用方便、装配密度高、较高的抗弯能力、噪声电平和三次谐波失真都比较低等许多特点，常用于高档音响电器产品中。

a）圆柱形贴装电阻器的结构 —— 它在高铝陶瓷基体上覆上金属膜或碳膜，两端压上金属帽电极，采用刻螺纹槽的方法调整电阻值，表面涂上耐热漆密封，最后根据电阻值涂上色码标志。

b）圆柱形贴装电阻器的性能指标 —— 圆柱形贴装电阻器的主要技术特征和额定值如表 1-4 所示。

表 1-4　圆柱形贴装电阻器的主要技术特征和额定值

项　目 \ 型　号	碳 膜			金属膜		
	ERD-21TL	ERD-10TLO [CC-12]	ERD-25TL [RD41B2E]	ERO-21L	ERO-10L [RN41C2B]	ERO-25L [RN41C2E]
使用环境温度/℃	−55～+155			−55～+150		
额定功率/W	0.125	最高额定电流 2A	0.25	0.125	0.125	0.25
最高使用电压/V	150		300	150	150	150
最高过载电压/V	200		600	200	300	500
标称阻值范围/Ω	1～1M		1～2.2M	100～200k	21～301k	1～1M
阻值允许偏差/%	(J±5)	≤50mΩ	(J±5)	(F±1)	(F±1)	(F±1)
电阻温度系数/(10⁻⁶/℃)	−1300/350		−1300/350	±10	±100	±100
质量/(g/1000 个)	10	17	66	10	17	66

（2）表面安装电容器

1）多层片状瓷介电容器（MLC），在实际应用中的 MLC 大约占 80%，通常是无引线矩形三层结构。由于电容的端电极、金属电极、介质三者的热膨胀系数不同，因此在焊接过程中升温速率不能过快，否则易造成片式电容的损坏。

a）多层片状瓷介电容器的性能 —— 根据用途分为 I 类陶瓷（国内型号为 CC41）和 II 类陶瓷（国内型号为 CT4）两种。

I 类是温度补偿型电容器，其特点是低损耗、电容量稳定性高，适用于谐振回路、耦合回路和需要补偿温度效应的电路。II 类是高介电常数类电容器，其特点是体积小、容量大，适用于旁路、滤波或在对损耗、容量稳定性要求不太高的鉴频电路中。

b）多层片状瓷介电容器的外形尺寸 —— 片状电容器的外形尺寸如表 1-5 所示。

表 1-5　片状电容器的外形尺寸

电容型号	尺　寸			
	L/mm	W/mm	H_{max}/mm	T/mm
CC0805	1.8～2.2	1.0～1.4	1.3	0.3～0.6
CC1206	3.0～3.4	1.4～1.8	1.5	0.4～0.7
CC1210	3.0～3.4	2.3～2.7	1.7	0.4～0.7
CC1812	4.2～4.8	3.0～3.4	1.7	0.4～0.7
CC1825	4.2～4.8	6.0～6.8	1.7	0.4～0.7

2）片式钽电解电容器，容量一般在 0.1～470μF，外形多呈现矩形结构。由于其电解质响应速度快，因此在需要高速运算处理的大规模集成电路中应用广泛。有裸片型、模塑封装型和端帽型等三种不同类型，其极性的标注方法是：在基体的一端用深色标志线做正极。

3）片式铝电解电容器，容量一般在 0.1～220μF，主要应用于各种消费类电子产品中，价格低廉。按外形和封装材料的不同，可分为矩形铝电解电容器（树脂封装）和圆柱形电解电容器（金属封装）两类。在基体上同样用深色标志线做负极来标注其极性，容量及耐压也在基体上加以标注。

（3）表面安装电感器

片式电感器的种类较多，按形状可分为矩形和圆柱形；按磁路可分为开路形和闭路形；按电感量可分为固定型和可调型；按结构的制造工艺可分为绕线型、多层型和卷绕型。同插装式电感器一样，在电路中起扼流、退耦、滤波、调谐、延迟和补偿等作用。

1）片式电感器的性能 —— 绕线型电感器的电感量范围宽、Q 值高、工艺简单，因此在片式电感器中使用最多，但体积较大、耐热性较差。

2）片式电感器的外形尺寸 —— 绕线型片式电感器的品种很多，尺寸各异。国外某些公司生产的绕线型片式电感器的型号、尺寸及主要的性能参数如表 1-6 所示。

表 1-6　片式电感器外形尺寸与主要性能

厂　　家	型　号	尺寸[长×宽×高]/mm	$L/\mu H$	Q	磁路结构
TOKO	43CSCROL	4.5×3.5×3.0	1～410	50	*
Murata	LQNSN	5.0×4.0×3.15	10～330	50	*
TDK	NL322522	3.2×2.5×2.2	0.12～100	20～30	开磁路
	NL453232	4.5×3.2×3.2	1.0～100	30～50	开磁路
	NFL453232	4.5×3.2×3.2	1.0～1000	30～50	闭磁路
Siemens	*	4.8×4.0×3.5	0.1～470	50	闭磁路
Coiecraft	*	2.5×2.0×1.9	0.1～1	30～50	闭磁路
Pieonics	*	4.0×3.2×3.2	0.01～1000	20～50	闭磁路

4. 实训内容及步骤

（1）SMT 元器件的直观识别

1）准备一块有大量 SMT 元器件的电路整机板。

2）对各类 SMC/SMD 的标称阻值、允许偏差、额定功率、标注方式、种类以及引脚顺序等进行识别并做好记录。

（2）片式电阻器的参数标注方法及识别

1）识别采用文字符号法和数码法标注的片式电阻器。

文字符号法用于欧姆级的电阻值。比如，4R7→为 4.7Ω。

数码法用于千欧级以上的电阻值，有用三个数字表示的，也有用四个数字表示的。

三数字数码法中只有两位是有效数字。比如，R47→为 0.47Ω；821→为 820Ω；475→为 4.7MΩ；000→为跨接线。

四数字数码法中有三位是有效数字。比如，4R70→为 4.7Ω；8200→为 820Ω；4704→为 4.7MΩ；0000→为跨接线。

2）识别在料盘上采用字母加数字表示的电阻器。

比如，RC05K103JT→RC 为产品代号，表示片状电阻器[05 表型号，02（0402）、03（0603）、05（0805）、06（1206）]；K 表示电阻器的温度系数（±250）；103 表示电阻值（10kΩ）；J 表示允许偏差（±5%）；T 表示编带包装（B 表塑料盒散包装）。

（3）片状电容器的参数标注方法及识别

1）识别采用直标法或数码法或单独使用某种颜色等方法来标注参数的片状电容器。

2）识别英文字母加数字的片状电容器。片式电容器容值系数如表 1-7 所示。

表 1-7 片式电容器容值系数

字母	A	B	C	D	E	F	G	H	I	K	L
数字	1.0	1.1	1.2	1.3	1.5	1.6	1.8	2.0	2.2	2.4	2.7
字母	M	N	P	Q	R	S	T	U	V	W	X
数字	3.0	3.3	3.6	3.9	4.3	4.7	5.1	5.6	6.2	6.8	7.5
字母	Y	Z	a	b	d	e	f	m	n	t	y
数字	8.2	9.1	2.5	3.5	4.0	4.5	5.0	6.0	7.0	8.0	9.0

（4）片状电感器的标注方法及识别

由于片状电感器是由线径极细的导线绕制而成的，故在电路板上是容易识别的，其各参数的标注在料盘上极为详细。

比如，"HDW2012UCR10KGT"片状电感器。其中的 HDW→表示产品代码；2012→表示规格尺寸；UC→表示芯子类型（UC—陶瓷芯、UF—铁氧体芯）；R10→表示电感量（R10—0.1μH、2N2—2.2nH、033—0.033μH）；K→表示公差（J—5%、K—10%、M—20%）；G→表示端头（G—金端头、S—锡端头）；T→表示包装方法（B—散包装、T—编带包装）。

（5）片状二、晶体管的极性识别

1）片状二极管的极性标识同传统二极管一样，在一端采用某种颜色来标记正负极性。一般情况，有颜色的一端就是负极。当然，也可以通过万用表电阻档来进行测量。但要注意的是，片状二极管的封装也有以片状晶体管形式出现的，实为双二极管。

2）片状晶体管的极性标识一般是这样的：将器件有字模的一面面对自己，有一只引脚的一端朝上或有两只引脚的一端朝下，上端（只有一只引脚的一端）为集电极（C），下左端为基极（B），下右端为发射极（E）。当然，也可以通过查阅手册或万用表来测量。

（6）片状集成电路的引脚识别

1）首先要在芯片上找到标志孔。

2）然后将芯片有字模一面按书写方向面对自己。

3）从标志孔处开始按从左到右和逆时针方向进行计数。集成电路的引脚识别如图 1-24 所示。

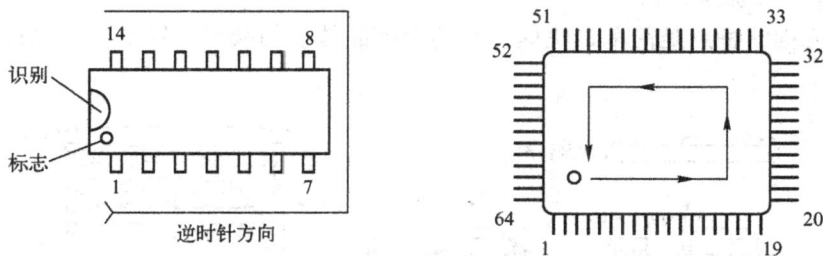

图 1-24 集成电路的引脚识别

5. 实训结果及数据

1）教师选取各种 SMT 元器件，学生进行直观识别并填写各项性能参数。测试 SMT 元器件的外形尺寸和引脚尺寸参数。

2）学生用万用表对先前的元器件进行电阻测试；极性测试和电压特性测试，以验证先前对元器件的电参数识别正确与否。

6. 考核标准（见表 1-8）

表 1-8　考核标准

序号	考核内容	配分	评分标准	考核记录	扣分	得分
1	熟练测试各种电阻器的阻值和误差	25	正确测试各种电阻器的阻值和误差			
2	熟练测试各种电容器的容值	25	正确测试各种电容器的容值			
3	识别并测试二极管和晶体管极性	25	正确识别二极管和晶体管的参数			
4	测量 SMT 芯片引脚尺寸和间距	25	准确测量芯片的各种尺寸和间距			
5	分数总计	100				

1.6　实训 2　SMT 生产准备流程

1. 实训目的及要求

1）熟悉 SMT 生产整个准备流程。

2）熟悉 SMT 各种生产设备及其生产工艺。

3）熟悉 SMT 生产各个工位的工艺文件并能正确执行。

4）初步掌握 SMT 生产过程的质量控制过程。

2. 实训器材及软件

1）SMT 生产线设备（上板机、钎剂刷机、贴片机、回流焊接机）　　一套。

2）SMT 工位操作任务单　　　　　　　　　　　　　　　　　　　　一套。

3）SMT 工位质量控制单　　　　　　　　　　　　　　　　　　　　一套。

3. 相关知识点

SMT 的贴装类型有两类最基本的工艺流程，一类是"钎剂—回流焊"工艺，另一类是"贴片—波峰焊"工艺。但在实际生产中，将两种基本工艺流程进行混合与重复，则可以演变成多种工艺流程供电子产品组装之用。

（1）钎剂—回流焊工艺

该工艺流程的特点是简单、快捷，有利于产品体积的减小。钎剂—回流焊工艺流程如图 1-25 所示。

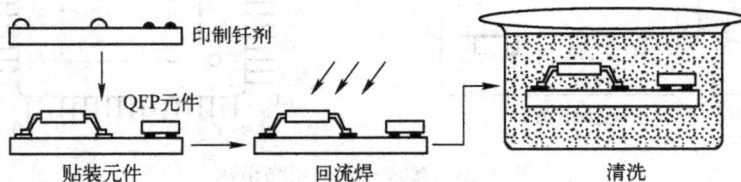

图 1-25　钎剂—回流焊工艺流程图

（2）贴片—波峰焊工艺

该工艺流程的特点是利用了双面板的空间，电子产品的体积进一步减小，且仍使用价格低廉的通孔元件。但设备要求增多，波峰焊过程中缺陷较多，难以实现高密度组装。贴片—波峰焊工艺流程如图 1-26 所示。

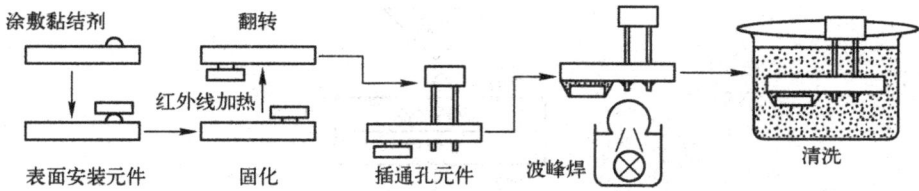

图 1-26　贴片—波峰焊工艺流程图

（3）混合安装

该工艺流程特点是充分利用 PCB 双面空间，是实现安装面积最小化的方法之一，并仍保留通孔元件，多用于消费类电子产品的组装。混合安装工艺流程如图 1-27 所示。

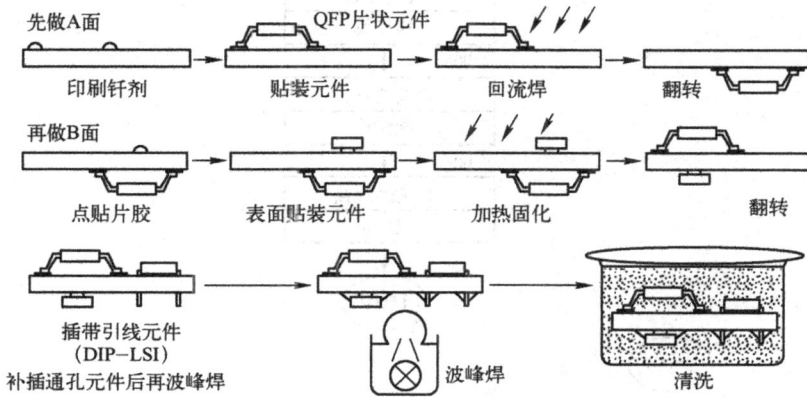

图 1-27　混合安装工艺流程图

（4）双面均采用钎剂—回流焊工艺

该工艺流程的特点是采用双面钎剂与回流焊工艺，能充分利用 PCB 空间，并实现安装面积最小化，工艺控制复杂，要求严格，常用于密集型或超小型电子产品，移动电话是典型产品之一。"双面均采用钎剂—回流焊"工艺流程如图 1-28 所示。

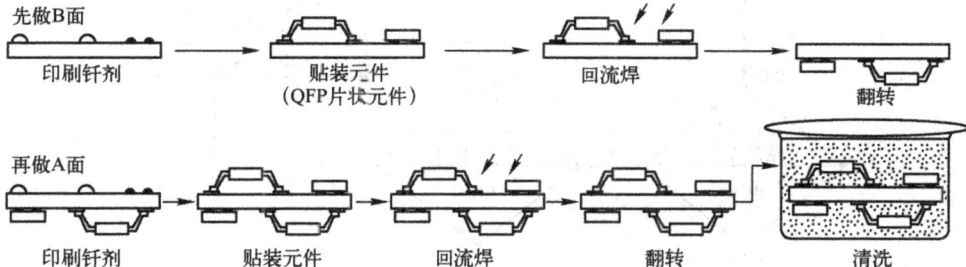

图 1-28　双面均采用钎剂—回流焊工艺流程图

4. 实训内容及步骤

SMT 生产工艺流程，如图 1-29 所示。所有同学在实训老师带领下开始熟悉 SMT 生产的设备，了解生产的每一步流程，重点对每个工位的操作任务单进行熟悉。在观察了老师的操作之后才开始操作，过程中一定注意生产安全和防静电操作。

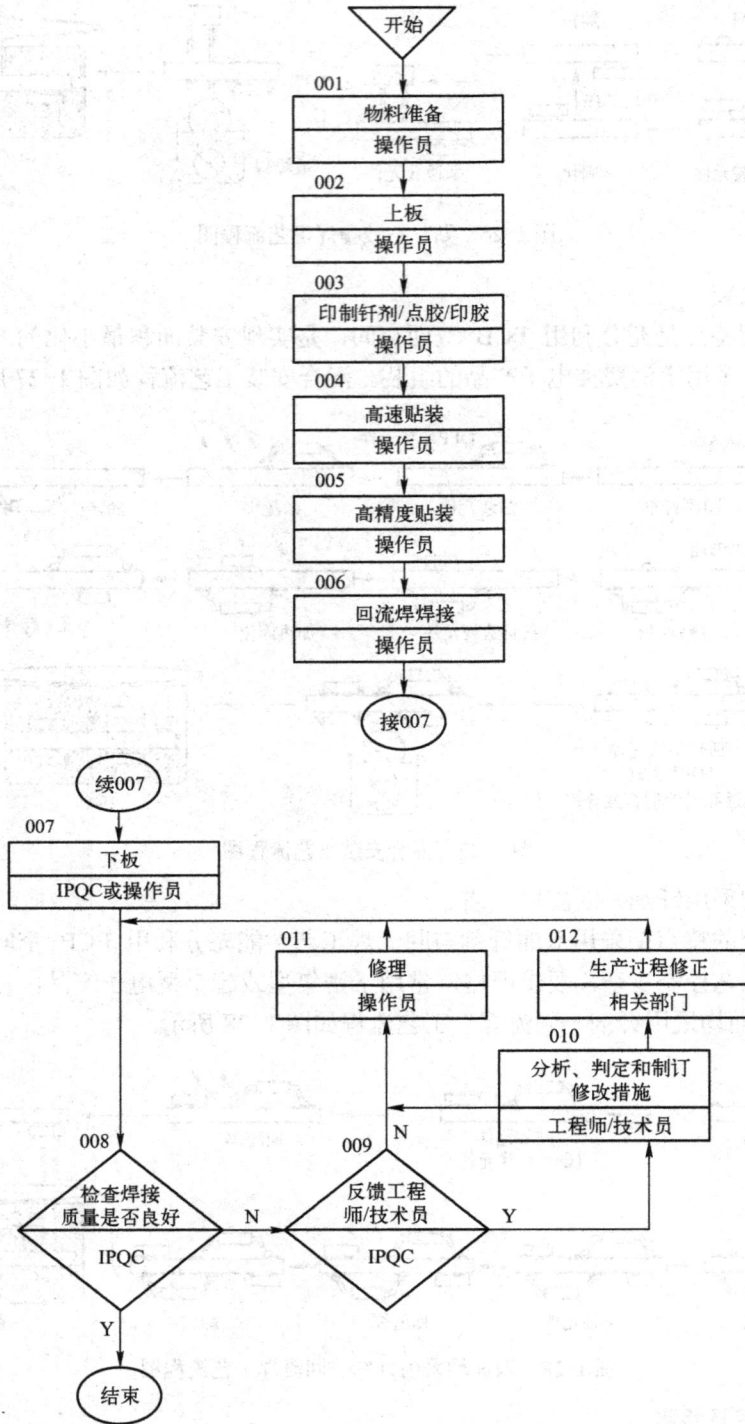

```
                          ┌─────────┐
                          │  开始   │
                          └────┬────┘
                               ↓
               001  ┌──────────────────┐
                    │     物料准备      │
                    ├──────────────────┤
                    │     操作员        │
                    └────────┬─────────┘
                             ↓
               002  ┌──────────────────┐
                    │      上板         │
                    ├──────────────────┤
                    │     操作员        │
                    └────────┬─────────┘
                             ↓
               003  ┌──────────────────┐
                    │ 印制钎剂/点胶/印胶 │
                    ├──────────────────┤
                    │     操作员        │
                    └────────┬─────────┘
                             ↓
               004  ┌──────────────────┐
                    │     高速贴装      │
                    ├──────────────────┤
                    │     操作员        │
                    └────────┬─────────┘
                             ↓
               005  ┌──────────────────┐
                    │     高精度贴装    │
                    ├──────────────────┤
                    │     操作员        │
                    └────────┬─────────┘
                             ↓
               006  ┌──────────────────┐
                    │     回流焊焊接    │
                    ├──────────────────┤
                    │     操作员        │
                    └────────┬─────────┘
                             ↓
                        ┌─────────┐
                        │  接007  │
                        └─────────┘
```

```
       ┌─────────┐
       │  续007  │
       └────┬────┘
            ↓
   007 ┌──────────────┐
       │     下板      │
       ├──────────────┤
       │ IPQC或操作员  │
       └──────────────┘

         011 ┌──────────────┐      012 ┌──────────────┐
             │     修理      │          │  生产过程修正 │
             ├──────────────┤          ├──────────────┤
             │    操作员     │          │   相关部门    │
             └──────────────┘          └──────────────┘
                                     010 ┌──────────────┐
                                         │ 分析、判定和制订│
                                         │    修改措施    │
                                         ├──────────────┤
                                         │  工程师/技术员 │
                                         └──────────────┘

   008  ◇检查焊接        009  ◇反馈工程
        质量是否良好  N       师/技术员    Y
        IPQC               IPQC

          Y↓
       ┌─────────┐
       │  结束   │
       └─────────┘
```

图 1-29 SMT 生产工艺流程

各工序流程简要说明如下。

（1）物料准备

按照物料领取、物料点料、分料、上料、物料装卸等内容由准备工段人员遵循 《SMT生产物料控制操作指导书》进行。

（2）上板

操作员对 PCB 按生产程序的要求方向放入框架，并送入上板机。要求装板时按从下到上的顺序装板，最下面一块板要一次装到位，然后每装一块板位置要求更靠近人的一侧，并检查是否有在同一层装了两块板，确认无误后，然后再整体推入。装板时应预先戴好干净布手套，避免徒手污染 PCB 表面；平常员工不用手套时，要放在干净的地方保存。

（3）印制钎剂/点胶/印胶

1）车间环境要求是保证生产过程得到有效控制的必要条件，需严格参照《钎剂的储存及使用操作指导书》执行。

2）印刷用钎剂的控制是保证生产过程得到有效控制的必要条件，需严格参照《钎剂的储存及使用操作指导书》执行。

3）钎剂印刷控制是保证生产过程得到有效控制的必要条件，需严格参照《钎剂的储存及使用操作指导书》执行。

4）印刷或点胶用胶的控制是保证生产过程得到有效控制的必要条件，需严格参照《贴片胶水的储存及使用指导书》执行。

5）胶的印刷控制或点胶控制是保证生产过程得到有效控制的必要条件，需严格参照《贴片胶水的储存及使用指导书》执行。

（4）高速贴装过程控制

1）Feeder 不用时，须放回 Feeder 放置台，并确认摆放正确、平稳。

2）操作员上料时需对物料进行检查；生产前 IPQC 必须对贴片机上所有物料种类进行确认，并对贴片机上首次上料的 TRAY 盘料中的每个 BGA 的型号和方向进行确认。

3）操作员每天做日保养并进行记录，设备工程师/技术员要定期保养高速贴片机并做好相应记录。

4）目前对超过备损的物料申请领料时必须开零星领料单，并对物料损耗严重的做进一步的解释，物料损耗严重判定的权利首先是车间，其次是设备科。

5）电阻、电容、电阻排备损率的制订和维护参照《SMT 片式元件备损标准定期维护操作指导书》执行。

6）操作员每天做日保养并进行记录，设备工程师/技术员要定期保养高精度贴片机并做好相应记录。

（5）回流焊过程控制

1）生产中每天上午做一次炉温曲线测试，由操作员负责制作。

2）车间对炉温测试板进行定置管理；操作员使用时应避免测试板被损坏，要将测试线放在两轨道中间位置，防止测试线被轨道的托板齿缠上；如果被缠上不要急于扯拉，按下红色紧急开关，待轨道停止运转再处理；测试完要将测试板放回固定位置。

3）标准炉温曲线以 SMT 回流焊程序操作指导书所提供曲线为准。

4）操作员将炉温曲线及相关参数粘贴或记录在专用表格上，给白班工程师/技术员进行确认后，放入专用文件夹保存，保存期为 1 个月，保存部门为 SMT 车间。

5）具体某种板的炉温参数设定由工艺工程师或工艺技术员参照 SMT 回流焊程序操作指导书制作，程序的正确性由工艺工程师/工艺技术员保证，为了便于以后复查，任何一类炉温参数设定的炉温曲线必须有电子的备份。

6）对于已加工板炉温程序每次进行调整，工艺工程师或工艺技术员要做记录，数据记在其专用的表格内，经工艺主管或高级工艺工程师确认后保存，保存期 3 个月，保存部门焊接工艺科。

7）每次转线时操作员对回流炉的轨道宽度要进行检查，如有问题，反馈设备工程师/技术员处理。

8）操作员每天做日保养并进行记录，设备工程师/技术员要定期保养回流焊炉并做好相应记录。

（6）下板及质量检测

1）IPQC 或操作员将焊接的制成板放入托盘或周转车，下板时应预先戴好干净防静电手套，避免徒手污染 PCB 表面；平常员工不用防静电手套时，要放在干净地方保存。

2）IPQC 依相关的技术文件对焊点进行检查。

3）IPQC 依相关的技术文件检查元器件位置和方向的正确性。

4）IPQC 对合格品、不合格品应分别标识和放置、对不合格品处理的结果和数量跟踪。

5）加工双面板时，第二面过回流炉后 IPQC 需对前 3 块板正、反面全检。

（7）反馈及修正

1）检查出现问题，超过质检的控制范围立即向生产线班长或设备工程师/技术员反馈，仍无法解决，相关人员联系工艺工程师/技术员解决；未超过质检的控制范围可以标识后直接给修理位维修。

2）在收到反馈后，相关人员要进行分析、判定和制订修改措施，在措施实施后跟踪结果。

3）半成品不合格品处理单的分析、判定和修改措施只能由 IE、设备或工艺工程师/技术员填写。

4）维修员按相关文件要求对不良焊点进行修理并送检。

5）各相关环节责任人按半成品不合格品处理单的修改措施执行。

5. 实训结果及数据

1）熟悉 SMT 各种设备的操作指导书并能对设备进行简单操作。

2）熟悉各个工位操作指导书并能独立完成每个工位工作任务。

3）熟悉各种耗材的存储和正确使用。

4）初步熟悉 SMT 各种工艺流程并进行简单操作。

5）熟悉 SMT 各个工位的质量标准并能严格执行。

6）每个同学完成一块简单的含有 SMT 元件印制板的焊接和维修。

6. 考核标准（见表 1-9）

表 1-9　考核标准

序号	考核内容	配分	评分标准	考核记录	扣分	得分
1	熟悉 SMT 各种设备的操作指导书	20	熟悉设备操作指导书			
2	熟悉各个工位操作指导书	20	能按照工位指导书进行操作			
3	熟悉各种耗材的存储和正确使用	20	能正确使用耗材			
4	初步熟悉 SMT 各种工艺流程并进行简单操作	20	对 SMT 工艺流程有基本认识			
5	熟悉 SMT 各个工位的质量标准	20	对 SMT 质量标准有基本认识			
6	分数总计	100				

1.7　习题

1. 请简单阐述 SMT 与 THT 相比较具有哪些优点。
2. 常见的表面安装集成电路常用的封装形式有哪些？
3. 表面安装集成电路的引脚形式有哪几种？
4. SMT 基本工艺构成要素包括哪些？
5. 一条典型 SMT 生产线构成需要哪些设备？
6. 简述 SMT 常用生产工艺有哪些。
7. 简述你觉得未来 SMT 的发展方向是什么，会有哪些方面取得突破性的进展？

第2章 SMT 外围设备与辅料

学习内容

    （1）上板机的功能与操作

    （2）钎剂测厚仪的功能与操作

    （3）钎剂搅拌器的功能与操作

    （4）红胶的使用方法

    （5）钎剂的使用与储存

学习目标

    学会正确操作在 SMT 生产线上的上板机、测厚仪和钎剂搅拌器等外围设备，掌握相应的操作规范。了解贴片胶、钎剂、钢网等 SMT 辅助材料并学会正确使用它们。SMT 外围设备与辅料对 SMT 的品质、生产效率起着至关重要的作用。

2.1　外围设备概述

    在 SMT 生产线上，印刷机、贴片机、回流焊机及在线检测仪器等统称为生产机器，还有上板机、测厚仪和钎剂搅拌器等外围设备。这些外围设备能实现机器的前后上下料、钎剂搅拌等动作，节约人力资源，辅助实现 SMT 工艺的自动化精仪生产。

2.2　上板机

    此设备用于 SMT 生产线上电路板的上板（上料）操作。安装于 SMT 自动化生产线前端，根据生产速度自动供板。任何有无元件的线路板都可以通过该机送板，免去人工放板。下面以深圳牧特电子公司的 LD 系列上板机的操作为例来说明。

2.2.1　上板机的参数

    （1）技术参数

    1）电路板上板时间约 6s。

    2）料箱更换时间约 30s。

    3）步距选择：1～5（10mm 步距）。

    4）电源及电负荷：AC　220V，单向最大 300VA。

    5）气压 4～6bar。

    6）气流量最多 10L/min。

    7）电路板厚度最少 0.4mm。

（2）规格参数如表 2-1 所示

表 2-1 深圳牧特电子的 LD 系列上板机的规格参数

规　格	型　号	外型尺寸			电路板尺寸			重　量	料箱尺寸		
S	LD-S-NC	1330	765	1250	50	50-330	250	140	355	320	560
M	LD-M-NC	1650	845	1250	50	50-460	330	200	460	400	560
LL	LD-LL-NC	1800	910	1250	50	50-530	390	250	535	460	570
XL	LD-XL-NC	1800	970	1250	50	50-530	460	300	535	530	560

2.2.2 上板机的操作方法

图 2-1 为上板机的操作面板示意图。

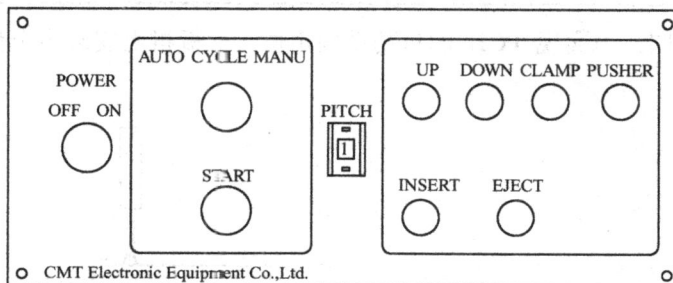

图 2-1 上板机的操作面板示意图

基本操作步骤如下。

1）将物料（PCB）置于轨道中并调整宽度，解除锁机。

2）旋转控制面板的电源按钮至"ON"位开启电源。

3）旋转控制面板的模式按钮至"自动"。

4）点击控制面板的"启动"按钮启动自动操作模式。

5）关闭设备时，旋转控制面板的电源按钮至"OFF"位关闭电源并按下"急停"装置即可。

各按键操作、按键说明如表 2-2 所示。

表 2-2 板机的各按键功能/操作说明

序　号	件　名	符　号	功能/操作说明
1	电源开关	POWER	旋柄对准 OFF 时断电
			旋柄对准 ON 时通电
2	操作模式转换开关	AUTO	旋柄对准 auto 时，按下 start 投入自动运行
		CYCLE	旋柄对准 cycle 时，按下 start 投入周期运行
		MANU	手动运行模式
3	拨码开关	PITCH	推板间距 1=10mm，2=20mm，3=30mm，4=40mm，5=50mm
4	运行按钮	START	自动和循环模式的启动
5	向上按钮	UP	点动一次升降台上升设置间距
6	向下按钮	DOWN	点动一次升降台下降设置间距
7	夹紧料箱按钮	CLAMP	按下夹紧料箱，再按一次松开料箱
8	PCB 推板按钮	PUSHER	循环和手动模式按下推板
9	料箱载入按钮	INSERT	手动模式按下料箱载入
10	料箱载出按钮	EJECT	手动模式按下料箱载出

上板机常见故障与排除方法汇总如表 2-3 所示。

表 2-3　上板机常见故障与排除方法汇总

故　障	原因与解决方法
总电源灯不亮	请检查设备电源插头是否良好正确地插在 AC 220V 的插座上，是否正常供电
低压电源灯不亮	请查看急停开关是否开启，内部低压保险是否正常
气缸不动作	检查是否有供气及压力是否达到，总开关有误开启，电磁阀工作指示灯是否亮启，检查各个保护感应器是否正常
阻挡不工作	检查是否有供气及压力是否达到，总开关有误开启，电磁阀工作指示灯是否亮启，并检查升降感应器是否有感应及输送至 PLC
接驳不过板	查看是否处于自动状态，两机的信号是否正确连接（详细检查看信号接线图），轨道调节是否平衡对齐
升降台不动作	请检查推板气缸缩回感应器是否有感应，PCB 推出保护电眼是否无感应
三色灯不亮	请检查灯泡是否正常及有无松动

设备感应位置图：为实现 PCB 的自动精确走位，上板机上安装多个传感器，其安装位置如图 2-2 所示。

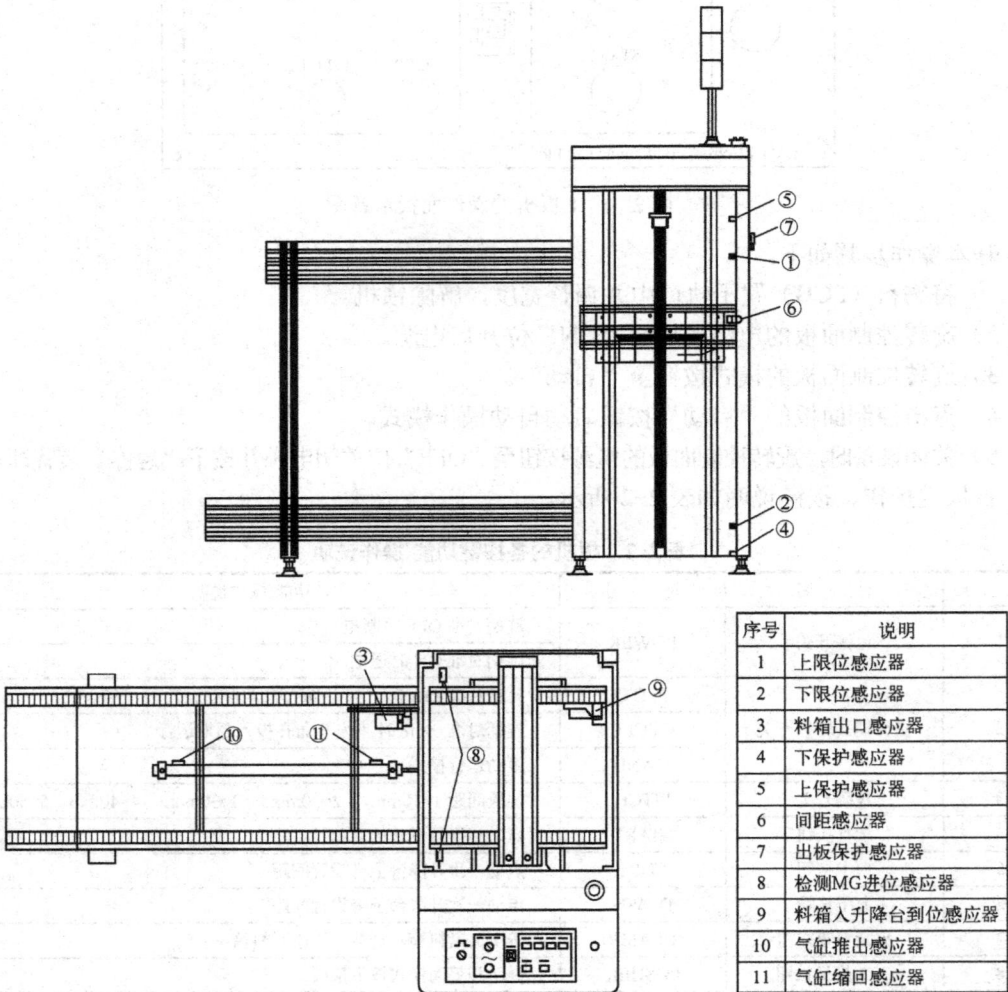

序号	说明
1	上限位感应器
2	下限位感应器
3	料箱出口感应器
4	下保护感应器
5	上保护感应器
6	间距感应器
7	出板保护感应器
8	检测MG进位感应器
9	料箱入升降台到位感应器
10	气缸推出感应器
11	气缸缩回感应器

图 2-2　上板机各传感器安装位置示意图

下板机操作与上板机类似，此处省略。

2.3　测厚仪

众所周知，SMT 组装中绝大部分缺陷来自于钎剂印刷。一些刊物和公司甚至指出，这类缺陷的数量已占总缺陷数量的 74%。因此，钎剂测厚仪是 SMT 生产线加工过程中不可或缺的设备产品之一。图 2-3 是日联科技 SPI6000 3D 钎剂测厚仪，以此为例，对钎剂测厚的原理和方法加以详细说明。该产品具有全自动、高精度、高灵活性与适应性、易使用与易维护等特点。

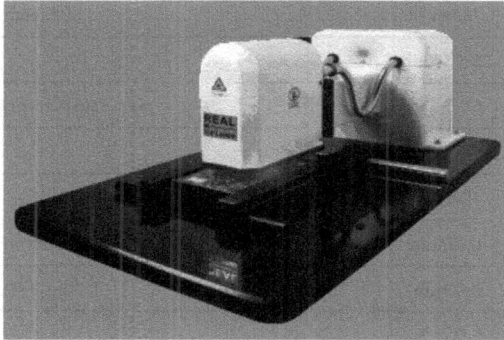

图 2-3　SPI6000 3D 钎剂测厚仪

2.3.1　测厚仪的基本功能

测厚仪能对钎剂厚度进行测量；平均值、最高最低点结果记录；面积测量；体积测量；XY 长宽测量。此外，还能对焊点钎剂进行截面分析：高度、最高点、截面积、距离测量；焊点 2D 测量：距离、矩形、圆、椭圆、长宽、面积等测量；焊点自动 XY 平台，自动识别 Mark，自动跑位测量；在线编程，统计分析报表生成及打印，制程优化。

2.3.2　测厚仪的测量原理

焊膏测厚仪利用激光非接触扫描密集取样获取物体表面形状，然后自动识别和分析钎剂区域并计算高度、面积和体积。

2.3.3　测厚仪的技术参数

以 SPI6000 3D 钎剂测厚仪为例，该仪器统计分析功能主要如表 2-4 所示。

1）Xbar-R 均值极差控制图、分布概率直方图、平均值、标准差和 CPK 等常用统计参数。

2）按被测产品独立统计，可追溯性品质管理，可记录产品条码或编号，由此追踪到该编号产品当时的印刷、钎剂、钢网和刮刀等几乎所有制程工艺参数。

3）制程优化分类统计，可根据不同印刷参数比如刮刀压力、速度、脱网速度、清洁频率等，不同钎剂，不同钢网，不同刮刀进行条件分类统计，且条件可以多选。可方便地根据不同的统计结果寻找最稳定的制程参数配置。

4）截面分析功能强大：点高度、截面区域平均高度、最高高度、距离、截面积，0 度 90 度正交截，45 度 135 度，斜截功能可满足 45 度贴装的元件焊盘分析。截面分析图可形成完整报告打印。

表 2-4　SPI6000 3D 钎剂测厚仪的技术参数

最大装夹 PCB 尺寸	365×860mm	0.314m^2
XY 扫描范围	350×430mm	>430mm 的区域可分两段测量
PCB 厚度	0.4～>5mm	
允许被测物高度	75mm	上为 30mm，下最高为 45mm
可测钎剂厚度	5～500μm	
扫描速度（最高）	51.2 平方毫米/秒	@10μm 扫描间距
扫描帧率	400 帧/秒	
扫描宽度	12.8mm	
高度分辨率	0.056μm	0.056μm = 56nm = 0.000056mm
高度重复精度	<0.5μm	0.5μm@确定目标。0.7μm@钎剂
体积重复精度	<0.75%	
PCB 平面修正	多点参照修正倾斜和扭曲	
绿油铜箔厚度补偿	支持	
影像采集最大分辨率	约 400 万有效像素（彩色）	每颜色约 131 万像素
视场	12.8×10.2mm	
扫描光源	650nm 红激光	
背景光源	红、绿、蓝 LED（三原色）	
影像传输	高速数字传输	
Mark 识别	支持	智能抗噪音算法，可识别多种形状
3D 模式	色阶、网格、等高线模拟图	任意角度旋转，比例和视野均可缩放，XYZ 三维刻度
测量模式	一键全自动、半自动、手动截面分析	
测量结果	平均高度、最高、最低、面积、体积、面积比、体积比、长、宽、目标数量等，主要结果可导出至 Excel 文件	
截面分析	截面模拟图和报告，某点高度、平均高度、最高、最低、截面积，支持正交截和斜截	
2D 平面测量	圆、椭圆直径面积，方、矩形长宽面积，直线距离等	
SPC 统计功能	平均值、最大值、最小值、极差、标准差、CP、k、CPK 等 Xbar-R 均值极差控制图（带超标警告区），直方图	
制程优化分类统计	可按照生产线、操作员、班次、印刷机、印刷方向、印刷速度、脱网速度、刮刀压力、清洁频率、钎剂型号、钎剂批号、解冻搅拌参数、钢网、刮刀、拼板、位置名称、有铅/无铅及自定义注释分类统计	
条码或编号追溯功能	支持（条码扫描器另配）	可追溯该 PCB 所有测量结果和当时所有工艺参数

2.3.4 测厚仪的基本测量步骤

（1）启动软件，测试准备

1）双击系统中的"GAM70"程序，启动测试软件。

2）将完成钎剂印刷的 PCB 放置在测试台上，调整 PCB 的 XY 坐标与测厚仪一致。

（2）准备登记测量记录

1）在"参数设置菜单"中选择"生产线"，单击"LINE1"。

2）在弹出的对话框中，选择"班次目录"（如 SMT1），输入记录文件即可。

（3）正确采样方式

采样方式如图 2-4 所示。

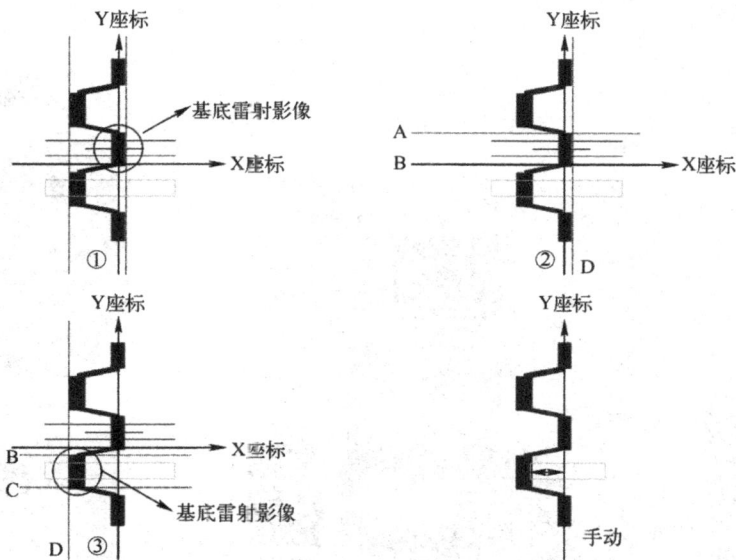

图 2-4　SPI6000 3D 钎剂测厚仪的正确采样方式示例

（4）测量操作及记录

1）移动已置入的 PCB，将待测量钎剂移至影像监视器中心，并按"打光"按钮。

2）调整镜头焦距，使影像监视器取像清楚且基底处红色光束对准蓝色中心线。

3）移动待测 PCB，将待测钎剂移至镭射投射的红色光速，使红色光束呈现弯曲，移动红色间距框，框住 PCB 非钎剂部分作为测量参考，再将黄色方形框架框住待测钎剂均匀部分。

4）按"测量"钮或按[ENTER]键进行测量。

5）如记录存档，则按"记录"功能键或〈F1〉键；如测量间距，则将上下标移至相邻物件边缘，即可得出间距大小；如测量面积、体积、截面积，则黄色框架须完全框住钎剂，再按"测量"键即可。

（5）关闭设备

1）单击软件左上角的"关闭"按钮退出测试软件。

2）选择系统"开始"菜单关闭系统即可。

2.4　钎剂搅拌机

钎剂在使用前，必须仔细搅拌。钎剂搅拌机可以有效地将锡粉和助焊膏搅拌均匀。实现更完美的印刷和回流焊效果，省却人力的同时也令这一作业标准化。当然，无须打开罐子也减少了吸收水汽的机会。

2.4.1　钎剂搅拌机的操作流程

（1）加装钎剂，准备搅拌

1）将已完成解冻的钎剂放进搅拌器的指定位置上。

2）将扣子扣好，固定钎剂瓶，如图2-5所示。

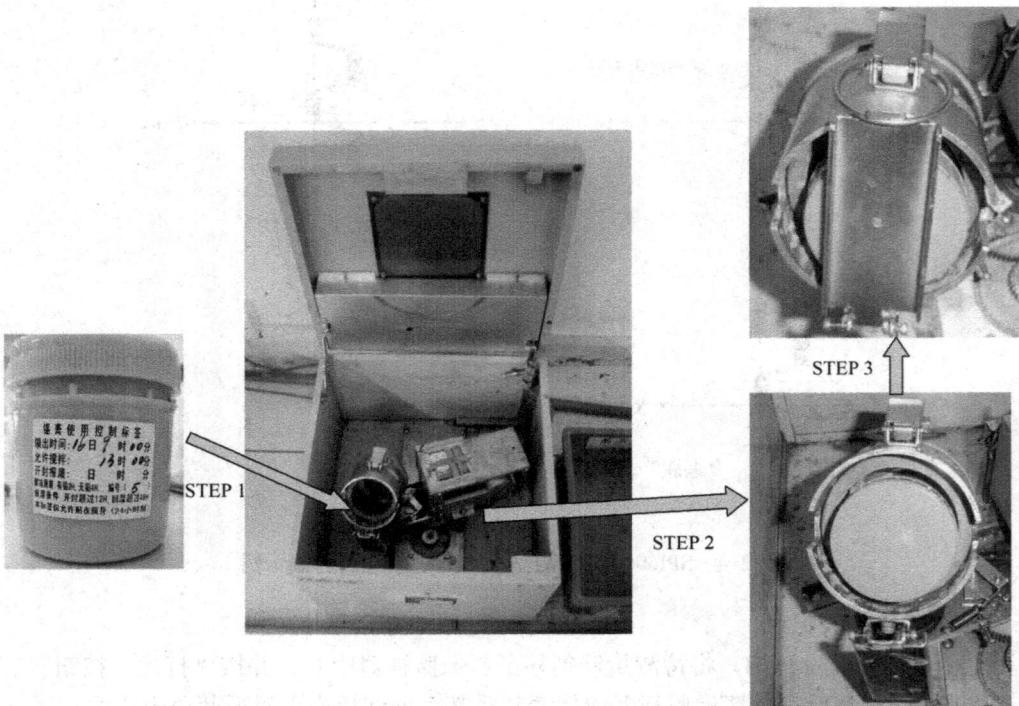

图2-5　钎剂搅拌器加装钎剂

（2）设定时间，开始搅拌

关闭机箱盖，开启电源，并将时间设置在1～3分钟范围内，如图2-6所示。

（3）取出钎剂，关闭机器

1）打开机箱盖，解除扣子，将已完成搅拌的钎剂取出，如图2-7所示。

2）在取出的钎剂标识上标注"开封报废"实际时间，钎剂开封报废时限为12小时。

3）关闭机箱盖，按一下控制面板上的"POWER"按钮关闭机器。

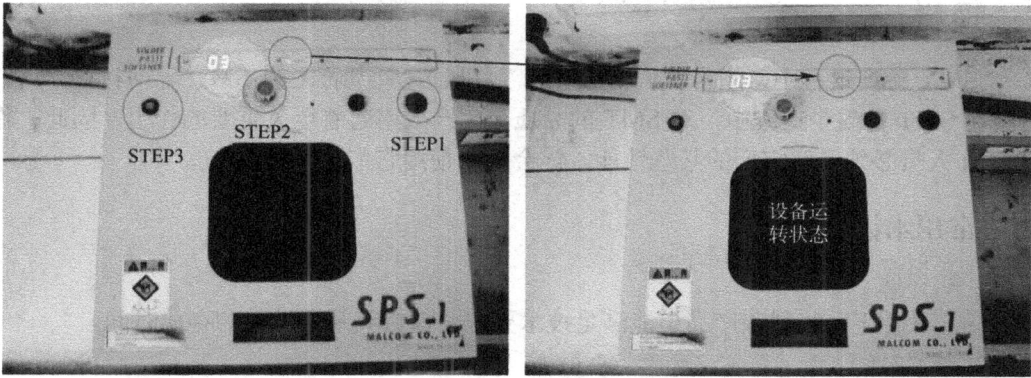

图 2-6　钎剂搅拌器搅拌钎剂操作

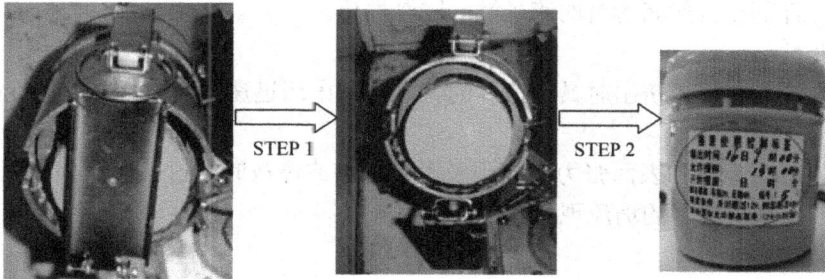

图 2-7　钎剂搅拌器取钎剂操作

2.4.2　钎剂搅拌器操作岗位的工作规范

（1）开机前准备

检查电源是否接好。

（2）开机运行

1）打开 POWER 至 ON。

2）根据新钎剂重量，选择比重砝，然后放入钎剂并锁紧它。

3）设定时间至 5 分钟。

4）按 START/STOP，开始搅拌钎剂。

5）搅拌钎剂后，解锁并取出钎剂，填写钎剂使用记录表。

6）每日检查钎剂搅拌机是否清洁及有损坏，填写记录表。

（3）关机

按 POWER 至 OFF。

（4）安全注意事项

1）在运行中切勿将盖子打开。

2）装钎剂时一定锁紧螺钉。

3）切勿将门盖开关短接。

2.5 辅料

在 SMT 生产过程中，通常我们将贴片胶（红胶）、钎剂称之为 SMT 辅助材料。这些辅助材料在 SMT 的整个过程中，对 SMT 的品质、生产效率起着至关重要的作用。因此，作为 SMT 工作人员必须了解它们的某些性能，学会正确使用它们。

2.5.1 常用术语

（1）贮存期

在规定条件下，材料或产品仍能满足技术要求并保持其基本性能的存放时间。

（2）放置时间

贴片胶、钎剂在使用前暴露于规定环境中仍能保持规定化学、物理性能的最长时间。

（3）黏度

贴片胶、钎剂在自然滴落时的滴延性的胶黏性质。

（4）触变性

贴片胶与钎剂在施压挤出时具有流体的特性与挤出后迅速恢复为具有固塑性的特性。

（5）塌落

钎剂印刷后在重力和表面张力的作用及温度升高或停放时间过长等原因而引起的高度降低、底面积超出规定边界的坍流现象。

（6）扩散

贴片胶在点胶后在室温条件下展开的距离。

（7）粘附性

钎剂对元器件粘附力的大小及其随焊膏印刷后存放时间变化其黏附力所发生的变化。

（8）润湿

熔融的钎料在铜表面形成均匀、平滑和不断裂的钎料薄层的状态。

（9）免清洗钎剂

焊后只含微量无害钎剂残留物而无须清洗 PCB 的焊膏。

（10）低温钎剂

熔化温度比 183℃低 20℃以上的钎剂。

2.5.2 贴片胶（红胶）

SMT 中使用的贴片胶其作用是固定片式元件、SOT、SOIC 等表面安装器件在 PCB 上，以使其在插件、过回流焊过程中避免元器件的脱落或移位。

贴片胶可分为两大类型：环氧树脂类型和丙烯酸类型。在一般生产中采用环氧树脂热固化类胶水（如乐泰 3609 红胶），而不采用丙烯酸胶水（需紫外线照射固化）。环氧树脂热固化类胶水的其特点是：热固化速度快、连接强度高、电特性较佳等。

贴片胶的使用主要注意以下方面。

（1）SMT 对贴片胶水的基本要求

1）包装内无杂质及气泡。

2）贮存期限长。

3）可用于高速或超高速点胶机。

4）胶点形状及体积一致。

5）点断面高，无拉丝。

6）易识别，便于人工及自动化机器检查胶点的质量。

7）初粘力高。

8）高速固化，胶水的固化温度低，固化时间短。

9）热固化时，胶点不会下塌。

10）高强度及弹性以抵挡波峰焊时之温度突变。

11）固化后有优良的电特性。

12）无毒性。

13）具有良好的返修特性。

（2）贴片胶引起的生产品质问题

1）失件（有、无贴片胶痕迹）。

2）元件偏斜。

3）接触不良（拉丝、太多贴片胶）。

（3）贴片胶使用规范

1）贮存，胶水领取后应登记到达时间、失效期、型号，并为每瓶胶水编号。然后把胶水保存在恒温、恒湿的电冰箱内，温度在 1～10℃。

2）取用，胶水使用时，应做到先进先出的原则，应提前至少 1 小时从电冰箱中取出，写下时间、编号、使用者、应用的产品，并密封置于室温下，待胶水达到室温时按一天的使用量把胶水用注胶枪分别注入点胶瓶里。注胶水时，应小心和缓慢地注入点胶瓶，防止空气泡的产生。

3）使用，把装好胶水的点胶瓶重新放入电冰箱，生产时提前 0.5～2.0 小时从电冰箱取出，标明取出时间、日期、瓶号，填写胶水（钎剂）解冻、使用时间记录表，使用完的胶水瓶用酒精或丙酮清洗干净放好以备下次使用，未使用完的胶水，标明时间放入电冰箱存放。

2.5.3 钎剂

由钎剂产生的缺陷占 SMT 中缺陷的 60％～80％，所以规范、合理地使用钎剂显得尤为重要。在表面组装件的回流焊中，钎剂被用来实施表面组装元器件的引线或端点与印制板上焊盘的连接。钎剂是一种由合金钎料粉、钎剂和一些添加剂混合而成的，一种具有一定黏性和良好触变性的均质混合物，具有良好的印刷性能和再流焊性能，并在贮存时具有稳定性的膏状体。

合金钎料粉是钎剂的主要成分，约占钎剂重量的 85％～90％。常用的合金钎料粉有以下几种：

锡－铅（Sn－Pb）。

锡－铅－银（Sn－Pb－Ag）。

锡－铅－铋（Sn－Pb－Bi）等。

最常用的合金成分为 Sn63Pb37。合金钎料粉的形状可分为球形和椭圆形（无定形）。其形状、粒度大小影响表面氧化度和流动性，因此，对钎剂的性能影响很大。一般，由印刷钢板或网版的开口尺寸或注射器的口径来决定选择钎料粉颗粒的大小和形状。不同的焊盘尺寸和元器件引脚应选用不同颗粒度的钎料粉，不能都选用小颗粒，因为小颗粒有大得多的表面积，使得钎剂在处理表面氧化时负担加重。

在钎剂中，钎剂是合金钎料粉的载体，其主要的作用是清除被焊件以及合金钎料粉的表面氧化物，使钎料迅速扩散并附着在被焊金属表面。钎剂的组成为：活性剂、成膜剂和胶粘剂、润湿剂、触变剂、溶剂和增稠剂以及其他各类添加剂。对钎剂的活性必须控制，活性剂量太少可能因活性差而影响焊接效果，但活性剂量太多又会引起残留量的增加，甚至使腐蚀性增强，特别是对钎剂中的卤素含量更需严格控制。

其实，根据性能要求，钎剂的重量比还可扩大至 8%～20%。焊膏中的钎剂的组成及含量对塌落度、黏度和触变性等影响很大。

金属含量较高（大于 90%）时，可以改善钎剂的塌落度，有利于形成饱满的焊点，并且由于钎剂量相对较少可减少钎剂残留物，有效防止焊球的出现，缺点是对印刷和焊接工艺要求较严格；金属含量较低（小于 85%）时，印刷性好，焊膏不易粘刮刀，漏版寿命长，润湿性好，此外加工较易，缺点是易塌落，易出现焊球和桥接等缺陷。

（1）钎剂的分类

按熔点的高低分：高温钎剂为熔点大于 250℃，低温钎剂熔点小于 150℃，常用的钎剂熔点为 179～183℃，成分为 Sn63Pb37 和 Sn62Pb36Ag2。

按钎剂的活性分：可分为无活性（R）、中等活性（RMA）和活性（RA）钎剂。常用的为中等活性。

（2）SMT 对钎剂有以下要求

1）具有较长的贮存寿命，在 0～10℃下保存 3～6 个月。贮存时不会发生化学变化，也不会出现钎料粉和钎剂分离的现象，并保持其黏度和粘接性不变。

2）有较长的工作寿命，在印刷或滴涂后通常要求能在常温下放置 12～24 小时，其性能保持不变。

3）在印刷或涂布后以及在再流焊预热过程中，钎剂应保持原来的形状和大小，不产生堵塞。

4）良好的润湿性能。要正确选用钎剂中活性剂和润湿剂成分，以便达到润湿性能要求。

5）不发生钎料飞溅。这主要取决于钎剂的吸水性、焊膏中溶剂的类型、沸点和用量以及钎料粉中杂质类型和含量。

6）具有较好的焊接强度，确保不会因振动等因素出现元器件脱落。

7）焊后残留物稳定性能好，无腐蚀，有较高的绝缘电阻，且清洗性好。

（3）钎剂的选用

主要根据工艺条件、使用要求及钎剂的性能进行选用。

1）具有优异的保存稳定性。

2）具有良好的印刷性（流动性、脱版性、连续印刷性）等。

3）印刷后在长时间内对 SMD 持有一定的黏合性。

4）焊接后能得到良好的接合状态（焊点）。

5）其焊接成分具有高绝缘性、低腐蚀性。

6）对焊接后的钎剂残渣有良好的清洗性，清洗后不可留有残渣成分。

（4）钎剂使用和贮存的注意事项

1）领取钎剂应登记到达时间、失效期、型号，并为每罐钎剂编号。然后保存在恒温、恒湿的电冰箱内，温度在2～10℃。钎剂储存和处理推荐方法的常见数据如表2-5所示。

表2-5　钎剂储存与处理推荐方法的常见数据表

条　件	时　间	环　境
装运	4 天	<10℃
货架寿命（冷藏）	3 ～ 6 个月（标贴上标明）	0～5℃电冰箱
货架寿命（室温）	5 天	湿度：30%RH～60%RH 温度：15～25℃
钎剂稳定时间（从电冰箱取出后）	8 小时	湿度：30%RH～60%RH 温度：15～25℃
钎剂模板寿命	4 小时	湿度：30%RH～60%RH 温度：15～25℃

2）钎剂使用时，应做到先进先出的原则，应提前至少 2 小时从电冰箱中取出，写下时间、编号、使用者、应用的产品，并密封置于室温下，待钎剂达到室温时打开瓶盖。如果在低温下打开，容易吸收水汽，再流焊时容易产行锡珠。

（小提示：不能把钎剂置于热风器、空调等旁边加速它的升温。）

3）钎剂开封前，须使用离心式的搅拌机进行搅拌，使钎剂中的各成分均匀，降低钎剂的黏度。钎剂开封后，原则上应在当天内一次用完，超过时间使用期的钎剂绝对不能使用

4）钎剂置于网板上超过 30 分钟未使用时，应重新用搅拌机搅拌后再使用。若中间间隔时间较长，应将钎剂重新放回罐中并盖紧瓶盖放于电冰箱中冷藏。

5）根据印制板的幅面及焊点的多少，决定第一次加到网板上的钎剂量，一般第一次加200～300g，印刷一段时间后再适当加入一点。

6）钎剂印刷后应在 24h 内贴装完，超过时间应把 PCB 钎剂清洗后重新印刷。

7）钎剂印刷时间的最佳温度为（23±3）℃，温度以相对湿度（55±5）%为宜。湿度过高，钎剂容易吸收水汽，在再流焊时产生锡珠。

尤其需要注意的是，钎剂储存时因锡粉与钎剂比重不同等因素，会导致有锡粉在下而钎剂在上的现象，最后产生分布不均的问题。故使用前必须搅拌使锡粉与钎剂均匀混合，而达到钎剂最佳的作用效果。一般钎剂搅拌的方式有两种：一种是手搅拌的方式，另一种是机器搅拌的方式。

2.6　实训 1　上、下板机的操作

1. 实训目的及要求

1）熟练使用上、下板机进行 PCB 上、下板操作。

2）遵守机器的安全操作流程。

3）初步建立防静电的意识。

2. 实训器材

1）PCB 上、下板机　　　　　　　　　　　　　　一台。

2）静电防护服及防静电手套   一套。

3）PCB   若干。

3. 相关知识点

进入 SMT 生产车间以及进行 SMT 生产过程的第一步必须要重视防静电的处理。生产场所的地面、工作台面垫、座椅等均应符合防静电要求。车间内保持恒温、恒湿的环境。应配备防静电料盒、周转箱、PCB 架、物流小车、防静电包装带、防静电腕带、防静电烙铁及工具等设施。

防静电基本要求如下。

1）根据防静电要求设置防静电区域，并有明显的防静电警示标志。按作业区所使用器件的静电敏感程度分成 1、2、3 级，根据不同级别制订不同的防护措施。

1 级静电敏感程度范围：0～1999V

2 级静电敏感程度范围：2000～3999V

3 级静电敏感程度范围：4000～15999V

16000V 以上是非静电敏感产品。

2）静电安全区(点)的室温为（23±3）℃，相对湿度为 45%RH～70%RH。禁止在低于30%的环境内操作 SSD(静电敏感元器件)。

3）定期测量地面、桌面、周转箱等表面电阻值。

4）静电安全区(点)的工作台上禁止放置非生产物品，如餐具、茶具、提包、毛织物、报纸和橡胶手套等。

5）工作人员进入防静电区域，需放电。操作人员进行操作时，必须穿工作服和防静电鞋、袜。每次上岗操作前必须做静电防护安全性检查，合格后才能生产。

6）操作时要戴防静电腕带，每天测量腕带是否有效。

7）测试 SSD 时应从包装盒、管、盘中取一块，测一块，放一块，不要堆在桌子上。经测试不合格器件应退库。

8）加电测试时必须遵循加电和去电顺序：低电压→高电压→信号电压的顺序进行。去电顺序与此相反。同时注意电源极性不可颠倒，电源电压不得超过额定值。

静电敏感元器件（SSD）运输、存储、使用要求如下。

1）SSD 运输过程中不得掉落在地，不得任意脱离包装。

2）存放 SSD 的库房相对湿度：30%RH～40%RH。

3）SSD 存放过程中保持原包装，若需更换包装时，要使用具有防静电性能的容器。

4）库房里，在放置 SSD 器件的位置上应贴有防静电专用标签。

5）发放 SSD 器件时应用目测的方法，在 SSD 器件的原包装内清点数量。

6）对 EPROM 进行写、擦及信息保护操作时，应将写入器/擦除器充分接地，要带防静电手镯。

7）装配、焊接、修板及调试等操作人员都必须严格按照静电防护要求进行操作。

8）测试、检验合格的印制电路板在封装前再用离子喷枪喷射一次，以消除可能积聚的静电荷。

防静电工作区的管理与维护内容如下。

1）制订防静电管理制度，并有专人负责。

2）备用防静电工作服、鞋、手镯等个人用品以备外来人员使用。

3）定期维护、检查防静电设施的有效性。

4）腕带每周（或每天）检查一次。

5）桌垫、地垫的接地性、静电消除器的性能每月检查一次。

6）防静电元器件架、印制板架、周转箱、运输车、桌垫、地垫的防静电性能每六个月检查一次。

4. 实训内容及步骤

（1）上板机开机前的准备

1）执行设备日常保养项目，并在保养表上做记录。

2）用所生产之 PCB 检查上料框宽度，机台出口宽度是否顺畅。

3）检查 PCB 推杆所推是否处在 1/2 宽度位置。

（2）开机生产

1）开启机台电源，开启起动键，设定机台送板 PITCH 与框架上所装 PCB 放置 PITCH 相同。

2）将装满 PCB 的框架上所标红色箭头标示，正确放在上板机下层的传送带上。(框架顶上的红色箭嘴对应机台入口，框侧面的红色嘴朝上放置）。

3）当一框自动送板时，可放另一框于上板机下层的传送带上待命，当一框送完时会自动运送下一框。

4）机台运行时若需停止. 请按停止（STOP）键。

（3）生产结束

生产结束时，按手动（MANUAL）键，再按向上退出键退出框架，按停止（STOP）键停止工作。

（4）生产中安全注意事项

1）机台运行中，若遇异常情况，必须马上按下紧急停止键，通知技术人员处理。

2）机台运行中，手不可伸入机台内。

3）若做 PCB 推杆位置调整，必须停止机器运行。

5. 实训结果及数据

1）用万用表测试防静电服和防静电手带及防静电工作台的电流导通性。

2）使用上、下板机对 PCB 进行上、下板操作。

6. 考核标准（见表 2-6）

表 2-6　考核标准

序号	考核内容	配分	评分标准	考核记录	扣分	得分
1	测试各种防静电设备的电流导通性	25	测量出各种防静电设备导通性			
2	正确、安全的开关上、下板机	25	安全操作上、下板机			
3	实现 PCB 上、下板	25	能实现 PCB 上、下板			
4	操作规范性及安全性	25	操作符合国家标准及安全要求			
5	分数总计	100				

2.7 实训 2 钎剂及红胶的贮存及使用

1. 实训目的及要求
1）在认识钎剂的基础上，使用搅拌器完成对钎剂的搅拌。
2）正确存贮及使用红胶。
3）设置正确的电冰箱温度参数，进行钎剂和红胶的存贮。

2. 实训器材
1）钎剂、红胶　　　　　　　　　　　　　　　　一筒。
2）专业电冰箱　　　　　　　　　　　　　　　　一台。
3）钎剂搅拌机　　　　　　　　　　　　　　　　一台。

3. 相关知识点
（1）钎剂的回温
从专用电冰箱里取出钎剂，在不开启瓶盖的前提下，放置于室温中自然解冻，回到常温温度，回温时间：4 小时左右。

注意：
1）未充足回温，不可打开瓶盖。
2）不能用加热的方式缩短回温时间。

（2）钎剂的手动搅拌
钎剂回温后，在使用前需充分搅拌。手动搅拌方式：按同一方向以 80～90r/min 的速度轻轻搅拌钎剂。手动搅拌时间：3～4min。

（3）钎剂的存储
1）领取钎剂应登记到达时间、失效期、型号，并为每罐钎剂编号。然后保存在恒温、恒湿的电冰箱内，温度在 2～10℃。
2）钎剂使用时，应做到先进先出的原则，应提前至少 4 小时从电冰箱中取出，写下时间、编号、使用者、应用的产品，并密封置于室温下，待钎剂达到室温时打开瓶盖。如果在低温下打开，容易吸收水汽，再流焊时容易产行锡珠。

（4）红胶的使用
1）贮存，胶水领取后应登记到达时间、失效期、型号，并为每瓶胶水编号。然后把胶水保存在恒温、恒湿的电冰箱内，温度在 1～10℃。
2）取用，胶水使用时，应做到先进先出的原则，应提前至少 1 小时从电冰箱中取出，写下时间、编号、使用者、应用的产品，并密封置于室温下，待胶水达到室温时按一天的使用量把胶水用注胶枪分别注入点胶瓶里。注胶水时，应小心和缓慢地注入点胶瓶，防止空气泡的产生。
3）使用，把装好胶水的点胶瓶重新放入电冰箱，生产时提前 0.5～2.0 小时从电冰箱取出，标明取出时间、日期、瓶号，填写胶水（钎剂）解冻、使用时间记录表，使用完的胶水瓶用酒精或丙酮清洗干净放好以备下次使用，未使用完的胶水，标明时间放入电冰箱存放。

4. 实训内容及步骤
（1）开机前准备
检查电源是否接好。

（2）开机运行

1）打开 POWER 至 ON。

2）根据新钎剂重量，选择比重砣，然后放入钎剂并锁紧它。

3）设定时间，按"时间设定"至 5 分钟。

4）按 START/STOP，开始搅拌钎剂。

5）搅拌钎剂后，解锁并取出钎剂，填写钎剂使用记录表。

6）每日检查钎剂搅拌机是否清洁及有损坏，填写记录表。

（3）关机

按 POWER 至 OFF。

（4）安全注意事项

1）在运行中切勿将盖子打开。

2）装钎剂时一定锁紧螺钉。

3）切勿将门盖开关短接。

5．实训结果及数据

1）采购回来的钎剂应该放置在专用电冰箱里冷藏，使用时再取出来回温。

2）罐中剩余未使用过的钎剂，应盖上内外盖，保存在专用电冰箱内，不可暴露在空气中，以免吸潮和氧化。

3）在钢网上剩余的钎剂装入另一个空罐内并放置于电冰箱内保存，留待下次使用。切不可将用过的钎剂与未使用的钎剂混合装入同一罐中。

思考：钎剂为何要进行搅拌和冷藏？

6．考核标准（见表 2-7）

表 2-7　考核标准

序号	考核内容	配分	评分标准	考核记录	扣分	得分
1	手动搅拌钎剂	30	搅拌时间合理、搅拌速度合适			
2	机器搅拌钎剂	30	正确、安全使用搅拌机对钎剂进行搅拌			
3	钎剂存储	20	电冰箱温度设定得当			
4	红胶使用、存贮规范	20	红胶使用、存贮规范性			
5	分数总计	100				

2.8　习题

1．在 SMT 生产线上，除了常用的生产机器，还有哪些外围设备，请简单阐述。

2．阐述使用测厚仪的基本测量步骤。

3．简单阐述钎剂搅拌机操作流程。

4．简述钎剂的选用原则。

5．钎剂的保存注意事项有哪些。

6．简述钎剂的作用。

第3章 钎剂印刷

学习内容

　　（1）SMT 印刷设备
　　（2）SMT 自动印刷工艺和技术
　　（3）印刷机的操作规范
　　（4）印刷质量缺陷的成因及对策

学习目标

　　钎剂印刷工艺是 SMT 生产线上最重要的生产环节之一。学完本章，读者应能对 SMT 工艺技术的自动印刷工艺有一个概括性地了解，对 SMT 的印刷设备的工作原理、操作规范有一个概括性地了解。

　　自动钎剂印刷是一个复杂的系统工艺，影响印刷质量的因素很多且相互作用。学完本章后，读者应能掌握印刷过程中常见的质量缺陷的成因及解决办法。

3.1 钎剂的印刷原理及设备

　　钎剂印刷是把一定的钎剂量按要求印刷分布到 PCB（印制电路板）上的过程。它为回流焊接阶段提供钎料，是整个 SMT 电子装联工序中的第一道工序，也是影响整个工序直通率的关键因素之一。据业内评测分析，约有 60%的返修板子是因钎剂印刷不良引起的，在钎剂印刷中，有三个重要部分：钎剂、钢网模板和印刷设备。如能正确选择，可以获得良好的印刷效果。

3.1.1 钎剂的印刷原理

　　钎剂印刷机由网板、刮刀和印刷工作台等构成。网板和印制电路板定位后，对刮刀施加压力，同时移动刮刀使钎剂滚动，把钎剂填充到网板的开口部位。进而，利用钎剂的触变性和黏附性，通过网孔把钎剂转印至印制电路板上，印刷过程如图 3-1 所示，图 3-2 为局部放大示意图。

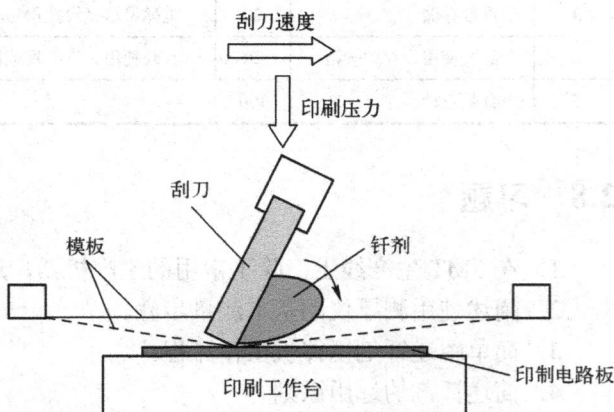

图 3-1　印刷过程示意图

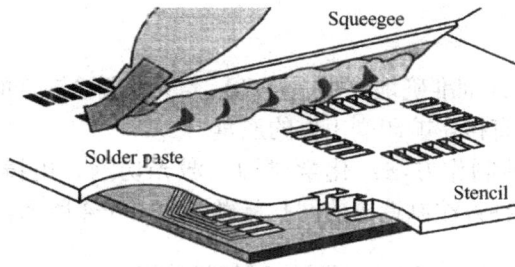

图 3-2　印刷过程照片（放大）

3.1.2　钎剂的印刷方式

钎剂的应用涂布工艺，可分为两种方式：一种是使用钢网作为印刷版把钎剂印刷到PCB 上，适合大批量生产应用，是目前最常用的涂布方式，即丝网印刷；另一种是注射涂布，即钎剂喷印技术，与钢网印刷技术最明显的不同就是喷印技术是一种无钢网技术，独特的喷射器在 PCB 上方以极高的速度喷射钎剂，类似于喷墨打印机，即模板印刷，如图 3-3 所示。

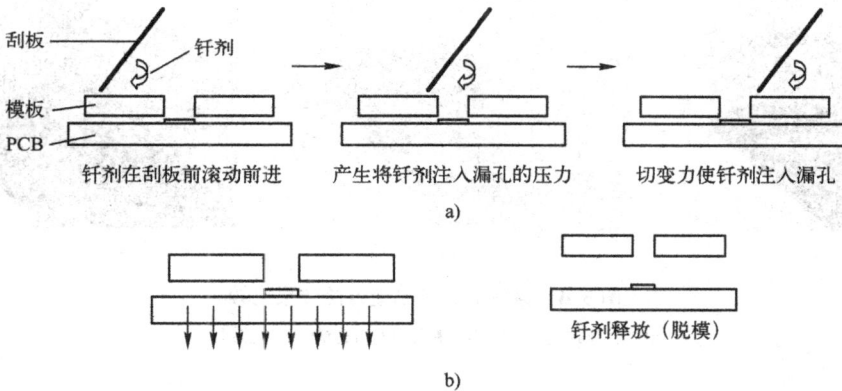

钎剂在刮板前滚动前进　　产生将钎剂注入漏孔的压力　　切变力使钎剂注入漏孔

a)

钎剂释放（脱模）

b)

图 3-3　钎剂印刷的两种方式

a) 丝网印刷技术　b) 模板印刷技术

丝网印刷与模板印刷的区别如表 3-1 所示。

1）从使用角度看：模板印精度优于丝网印，印刷时可直接看清焊盘，因此定位方便；模板印刷可使用钎剂黏度范围大，开口不会堵塞，容易清洗。

2）从制造角度看：丝网制作成本低、制造周期短，适于快速周转，是当前的主流印刷技术。

表 3-1　丝网印刷与模板印刷的区别

印制技术	使用寿命	成本	手工或机器印制	接触或非接触印制	对粒度敏感性	黏度范围	准备时间	同面印不同厚度钎剂	清洗性	多层次印刷	周转时间
丝网印制	短	低	只能机器印制	只能用非接触印制	强，易堵塞	窄	长	不可以	不易清洗	不允许	短
模板印制	长	高	两者皆可	两者皆可	弱，不易堵塞	宽	短	可以	易清洗	允许	长

3.1.3 印刷钢网模板

钢网的主要功能是将钎剂准确地涂敷在 PCB 上所需要涂钎剂的焊盘上。钢网在印刷工艺中必不可少，它的好坏直接影响印刷工作的质量。

目前钢网主要有三种制作方法：化学腐蚀、激光切割、电铸成型。三种方法比较如表 3-2 所示。钢网通过三种方法制造出的网孔显微图如图 3-4 所示。

表 3-2　钢网的 3 种制造方法比较

模板制造技术	简　　介	优　　点	缺　　点
化学蚀刻模板	金属箔上涂抗蚀保护剂用销钉定位感光工具将图形曝光在金属箔两面，后使用双面工艺同时从两面腐蚀	成本最低，周转最快	形成刀锋或沙漏形状
电镀成型模板	通过在一个要形成开孔的基板上显影刻胶，然后逐个、逐层地在周围电镀出模板	提供完美的工艺定位，没有几何形状的限制，改进钎剂的释放	要设计一个感光工具，电镀工艺不均匀失去密封效果，密封块可能会去掉
激光切割模板	直接从客户原始数据产生，在做必要修改后传送到激光机，由激光束进行切割	错误减少，消除位置不正机会	激光光束产生金属熔渣造成孔壁粗糙

Chem-Etch Stencil Aperture(250x)　Laser Cut Stencil Aperture(250x)　E-FAB XL Stencil Aperture(250x)

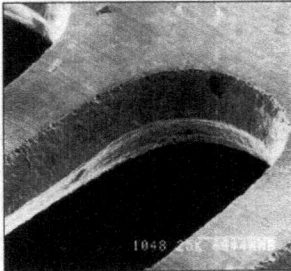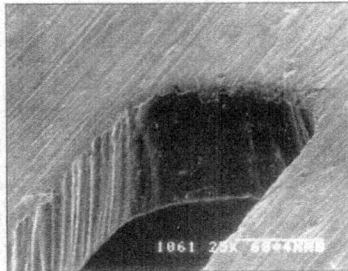

a)　　　　　　　　　　b)　　　　　　　　　　c)

图 3-4　钢网的 3 种制造方法效果比较

a) 化学腐蚀刚网孔　b) 激光切削后孔壁　c) 电铸开孔

3.1.4 钎剂印刷机

从自动化程度来分（也是印刷机的发展历程），钎剂印刷机可分为手动印刷机、半自动印刷机、全自动印刷机等，如图 3-5 所示。

1）半自动印刷机：操作简单，印刷速度快，结构简单，缺点是印刷工艺参数可控点较少，印刷对中精度不高，钎剂脱模差，一般适用于 0603（英制）以上元件、引脚间距大于 1.27mm 的 PCB 印刷工艺。

2）全自动印刷机：印刷对中精度高，钎剂脱模效果好，印刷工艺较稳定，适用密间距元件的印刷，缺点是维护成本高，对作业员的知识水平要求较高。

钎剂印刷机的基本功能主要包括如下内容。

1）基板处理机能：基板处理机能包括 PCB 基板的传输运送、定位、支撑。

① 传输运送是指 PCB 的搬入、搬出以及 PCB 固定前的来回小幅移动。

② 基板的定位分为孔定位、边定位两种，还有光学定位进行补正确保位置的准确。

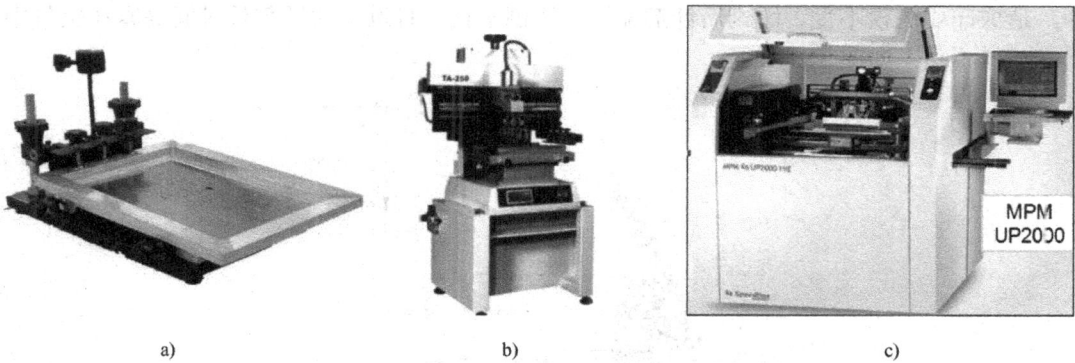

图 3-5 钎剂印刷机的三种类型

a) 手动印刷机 b) 半自动印刷机 c) 全自动印刷机

③ 基板的支撑是使被印刷的 PCB 保持一个平整的平面，使 PCB 基板在印刷过程中不发生变形扭曲。所用方式有支撑 PIN、支撑块、支撑板 3 种。支撑 PIN 灵活性较强、局限性较小，目前较常用；支撑块、支撑板局限较多，一般用在单面制程。

2）基板和钢网的对中：基板和钢网的对中包括机械定中心和光学中心，光学定中心是机械定中心的补正，大大提高了印刷精度。

3）对刮刀的控制机能：印刷机对刮刀的控制机能包括压力、推行速度、下压深度、推行距离、刮刀角度和刮刀提升等。

4）对钢网的控制机能：印刷机对钢网的控制包括钢网平整度调整、钢网和基板的间距控制、分离方式的控制、对钢网的自动清洗设定。

3.2 影响印刷质量的重要因素

钎剂印刷是一个复杂的系统工艺，需要多种技术的整合。同时，多种因素，比如印刷厚度、离网速度、印刷速度、刮刀夹角、速度、压力、宽度、形状与材质等都会影响钎剂的印刷质量。

3.2.1 印刷质量的重要参数

（1）图形对准

通过印刷机相机对工作台上的基板和钢网的光学定位点（MARK 点）进行对中，再进行基板与钢网的 X、Y 轴精细调整，使基板焊盘图形与钢网开孔图形完全重合。

（2）刮刀与钢网的角度

刮刀与钢网的角度越小，向下的压力越大，容易将钎剂注入网孔中，但也容易使钎剂被挤压到钢网的底面，造成钎剂粘连。一般为 45～60°。目前，自动和半自动印刷机大多采用 60°。

（3）钎剂的投入量（滚动直径）

钎剂的滚动直径 $\phi h \approx (13 \sim 23)$ mm 较合适。ϕh 过小易造成钎剂漏印、锡量少。ϕh 过

大，过多的钎剂在印刷速度一定的情况下，易造成钎剂无法形成滚动运动，钎剂无法刮干净，造成印刷脱模不良、印刷后钎剂偏厚等印刷不良；且过多的钎剂长时间暴露在空气中对钎剂质量不利，如图 3-6 所示。

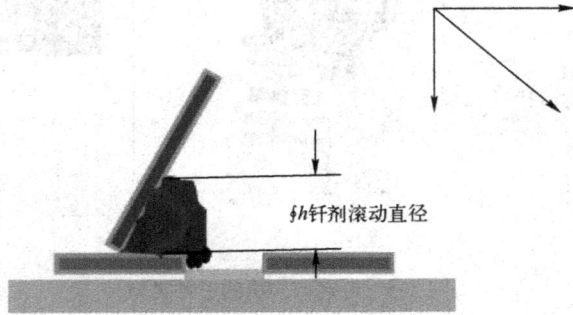

图 3-6　钎剂的投入量

在生产中作业员每半个小时检查一次网板上的钎剂条的高度，每半小时将网板上超出刮刀长度外的钎剂用电木刮刀移到网板的前端并均匀分布钎剂。

（4）刮刀压力

刮刀压力也是影响印刷质量的重要因素。刮刀压力实际是指刮刀下降的深度，压力太小，刮刀没有贴紧钢网表面，因此相当于增加了印刷厚度。另外压力过小会使钢网表面残留一层钎剂，容易造成印刷成型黏结等印刷缺陷。

（5）印刷速度

由于刮刀速度与钎剂的黏稠度呈反比关系，有窄间距，在高密度图形时，速度要慢一些。速度过快，刮刀经过钢网开孔的时间就相对太短，钎剂不能充分渗入开孔中，容易造成钎剂成型不饱满或漏印等印刷缺陷。

印刷速度和刮刀压力存在一定的关系，降速度相当于增加压力，适当降低压力可起到提高印刷速度的效果。理想的刮刀速度与压力应该是正好把钎剂从钢网表面刮干净。

（6）印刷间隙

印刷间隙是钢网与 PCB 之间的距离，关系到印刷后钎剂在 PCB 上的留存量。

（7）钢网与 PCB 分离速度

钎剂印刷后，钢网离开 PCB 的瞬间速度即为分离速度，是关系到印刷质量的参数，在密间距、高密度印刷中最为重要。先进的印刷机，其钢网离开钎剂图形时有 1（或多个）个微小的停留过程，即多级脱模，这样可以保证获取最佳的印刷成型。

分离速度偏大时，钎剂黏力减少，钎剂与焊盘的凝聚力小，使部分钎剂黏在钢网底面和开孔壁上，造成少印和锡塌等印刷缺陷。分离速度减慢时，钎剂的黏度大、凝聚力大而使钎剂很容易脱离钢网开孔壁，印刷状态好。

（8）清洗模式和清洗频率

清洗钢网底面也是保证印刷质量的因素。应根据钎剂、钢网材料、厚度及开孔大小等情况确定清洗模式（设定干洗、湿洗、一次往复、擦拭速度等）和清洗频率。

钢网污染主要是由于钎剂从开孔边缘溢出造成的。如果不及时清洗，会污染 PCB 表面，钢网开孔四周的残留钎剂会变硬，严重时还会堵塞钢网开孔。

3.2.2 缺陷的成因及对策

影响印刷质量的主要因素如下。

1）首先是钢网质量：钢网厚度与开口尺寸确定了钎剂的印刷量。钎剂量过多会产生桥接，钎剂量过少会产生钎剂不足或虚焊。钢网开口形状及开孔壁是否光滑也会影响脱模质量。

2）其次是钎剂质量：钎剂的黏度、印刷性（滚动性、转移性）、常温下的使用寿命等都会影响印刷质量。

3）印刷工艺参数：刮刀速度、玉力、刮刀与网板的角度以及钎剂的黏度之间存在的一定制约关系，因此只有正确控制这些参数，才能保证钎剂的印刷质量。

4）设备精度方面：在印刷高密度细间距产品时，印刷机的印刷精度和重复印刷精度也会起一定影响。

5）环境温度、湿度以及环境卫生：环境温度过高会降低钎剂的黏度，湿度过大时钎剂会吸收空气中的水分，湿度过小时会加速钎剂中溶剂的挥发，环境中灰尘混入钎剂中会使焊点产生针孔等缺陷。

缺陷产生的原因及对策如下。

表 3-3 详细总结了印刷过程中出现的缺陷、原因和对策。

表 3-3 印刷缺陷成因及对策

缺　　陷	原 因 分 析	改 善 对 策
钎剂量过多、印刷偏厚	刮刀压力过小，钎剂多出	调节刮刀压力
	网板与 PCB 间隙过大，钎剂量多出	调整间隙
钎剂拉尖、锡面凹凸不平	钢网分离速度过快	调整钢网分离速度及脱模方式
	钎剂本身问题	更换钎剂
	PCB 焊盘与钢网开孔对位不准	调整 PCB 与钢网的对位，调整 X、Y、θ
	印刷机支撑 pin 位置设定不当	调整支撑 pin 位置，使连锡位置的支撑强度增大，减少 PCB 的变形量，保证印刷质量
	印刷速变太快，破坏钎剂里面的触变剂，于是钎剂变软，印黏度变低	调节印刷速度
连锡	印刷压力过大，分离速度过快	调节印刷压力和分离速度
钎剂量不足	网板上钎剂放置时间过长，溶剂挥发，黏度增加	更换新鲜钎剂
	钢网孔堵塞，下锡不足	清洗网板孔
	钢网设计不良	更改钢网设计
	钎剂没有及时添加，造成钎剂量不足	及时添加适量钎剂，采用良好的钎剂管制方法，管制好印刷间隔时间和钎剂添加的量

从以上介绍中可以看出，影响印刷质量的因素非常多，而且印刷钎剂是一种动态工艺。

1）钎剂的量随时间而变化，如果不能及时添加钎剂的量，会造成钎剂漏印、锡量少、成型不饱满。

2）钎剂的黏度和质量随时间、环境温度、湿度、环境卫生而变化。

3）钢网底面的清洁程度及开口内壁的状态不断变化。

因此，建立一套完整的印刷工艺管制文件是非常必要的，选择正确的钎剂、钢网、刮刀，并结合最合适的印刷机参数设定，使整个印刷工艺过程更稳定、可控、标准化。

3.3　实训 1　钎剂的手动印刷

1. 实训目的及要求

1）了解手工印刷钎剂相关工具及注意事项。

2）了解手动印刷钎剂的整个操作流程。

3）熟练掌握手动印刷钎剂的工艺。

2. 实训器材

1）手动印刷台	1 台。
2）钎剂	1 筒。
3）钎剂摇匀器	1 个。
4）放大镜	1 台。
5）刮刀	1 套。

3. 相关知识点

钎剂手动印刷台结构如图 3-7 所示。

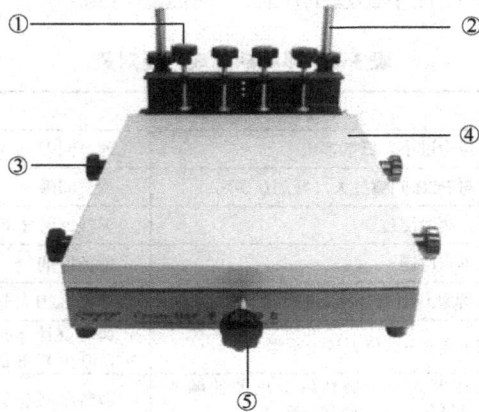

图 3-7　钎剂手动印刷台结构图

① 固定旋钮：用于固定钢模板。

② 调节旋钮：用于调节钢模板的高度。

③ 微调旋钮：当初步对好位之后，用此旋钮对左右方向进行微调。

④ 工作台面：用于放置待焊接的 PCB。

⑤ 微调旋钮：当初步对好位后，用此旋钮对前后方向进行微调。

4. 实训内容及步骤

（1）准备钎剂

钎剂一般放置在电冰箱冷冻，用时需取出回温 4~8 小时，再用钎剂摇匀器摇匀 3~4 分钟，开封后用搅拌刀搅至稠糊状，每 8 小时搅拌一次，如图 3-8 和图 3-9 所示。

图 3-8 钎剂存放环境

图 3-9 钎剂摇匀器

（2）安装与定位

1）将钢模板安装到钎剂印刷台上，用固定旋钮将钢模板固定在钎剂印刷台上。

2）用调节旋钮调节钢模板的高度，使钢模板调到合适的位置。

（3）调试

1）检查钢模板是否干净，若有钎剂或其他固体物质残留，应用酒精、毛巾将残留在钢模板上的杂物清洗干净。

2）检查钎料硬度是否适中。检测方法：在钢模板上选择引脚比较密集的元件，把钎剂刮在测试板(板子或纸张)上，观察钎剂印刷情况。

（4）电路板缺陷检查

先用放大镜或例题显微镜检查模板有无毛刺或腐蚀不透等缺陷。实训中，采用电路较为简单的试验电路进行简单的试验。若考虑实训的连续性问题，可由同学进行电路的设计、PCB 制作、钎剂因素、贴片及焊接等环节的整个流程。

把检查过的模板装在印刷台上，上紧焊盘与模板的栓，把需要焊接的电路板放在印刷台上。

移动电路板，将电路板上一些大的开口对准，再用印刷台微调螺栓调准，如图 3-10 所示。

图 3-10 模板与 PCB 开口对准

（5）印刷钎剂

1）把钎剂放在模板前端，尽量放均匀，注意不要加在漏孔里。

2）用刮板从钎剂的前面向后均匀刮动，刮刀角度为 45°～60° 为宜，刮完后将多余的钎剂放回模板前端。

3）抬起模板，将印好的钎剂 PCB 取下来，再放上第二块 PCB。

4）检查印刷结果，根据结果判断印刷缺陷的原因。再根据印刷缺陷的原因进行相应调节，然后再次印刷检查印刷效果，直至印刷效果达到要求为止。

5）印刷窄间距产品时，每印刷完一块 PCB 都必须将模板底面擦干净，如图 3-11 所示。

图 3-11　手工印刷

手动印刷钎剂工艺用于小批量的生产使用，此方法简单，成本极低，使用方法灵活。

注意：

1）刮板角度一般为 45°～60°。

2）由于是手工印刷，刮板长度和宽度受力不均，因此要掌握好适当的刮板压力。

3）手工印刷速度不要太快，不然易造成钎剂图形不饱满和印刷缺陷。

4）钎剂暴露在空气中易干燥，印刷完一批后把钎剂及时放回容器，暂停时把模板擦干净。

5）若需要双面印刷，则需在印刷台面上加加工垫条，把 PCB 架起。

5．实训结果及数据

1）进行手动钎剂印刷的钎剂准备和丝印钢网准备。

2）正确准备好钎剂并将 PCB 与对应丝印钢网调试安装完成。

3）进行手动钎剂印刷。

4）钎剂印刷质量的判定以及如何调整钎料台。

6．考核标准（见表 3-4）

表 3-4　考核标准

序号	考核内容	配分	评分标准	考核记录	扣分	得分
1	钎剂准备	25	准备的钎剂适合于进行印刷，钎剂混合适当			
2	丝印钢网调试	25	PCB 与对应丝印钢网正确匹配，将钢模板准确固定于印刷台上，并与 PCB 需要漏印钎剂的部分对准			
3	判定钎剂印刷质量	25	刮刀角度适当，压力合适，根据质量标准进行钎剂印刷质量判定			
4	调整钎料台提高钎剂印刷质量	25	钎剂印刷均匀、无粘连、厚度适当，钎剂质量达标			
5	分数总计	100				

3.4 实训 2 钎剂的自动印刷

1. 实训目的及要求
1) 了解自动钎剂印刷机的工作原理。
2) 熟悉自动钎剂印刷的操作软件操作界面。
3) 掌握自动印刷机工艺。
4) 熟悉自动钎剂印刷机的使用及操作事项。
5) 掌握自动钎剂印刷机的使用。
6) 通过自动钎剂印刷机将钎剂均匀、饱满地涂抹至 PCB 指定的焊盘位置。

2. 实训器材及软件
1) 德森自动钎剂印刷机   1 套。
2) 钎剂   1 筒。
3) 钎剂摇匀器   1 套。
4) 放大镜等辅助工具   1 套。

3. 相关知识点
认识德森自动钎剂印刷机

（1）外观

德森自动钎剂印刷机 DSP-1008 的外观如图 3-12 所示。

图 3-12 德森自动钎剂印刷机 DSP-1008 外形图

（2）印刷机相关配件

1）三色灯。三色灯是 SMT 生产线设备中用于显示设备状态的一种指示灯。红灯表示机器出现异常报警；绿灯表示机器正常工作；黄灯表示机器处于待命状态。

2）刮刀系统。组成：包括印刷头（刮刀升降行程调节装置、刮刀片安装部分）、刮刀横梁及刮刀驱动部分（步进电动机）等。功能：悬浮式印刷头，具有特殊设计的高钢怀结构，刮刀压力、速度均由计算机伺服控制，调节方便，维持印刷质量的均匀稳定。

3）网框固定部和 CCD 相机。网框固定部组成：包括网板移动装置及网板固定装置等。

功能：夹持网板的宽度可调，并可对钢网位置固定、夹紧。

CCD 相机组成：包括 CCD 运动部分和 CCD—Camera 装置（摄像头、光源）及高分辨率显示器等，由视觉系统软件进行控制。功能：上视/下视视觉系统，独立控制与调节的照明，高速移动的镜头确保快速、精确地进行 PCB 和钢网板对准，无限制的图像模式识别技术具有 0.01mm 的辨识精度。

4）可调印刷工作台。组成：包括 Z 轴升降装置（升降底座、升降丝杠、伺服电机、升降导轨、阻尼减震器等）、平台移动装置（丝杆、导轨及分别控制 X、Y、θ方向移动的伺服电机等）、印刷作台面（磁性顶针、真空吸盘）等。

功能：通过机器视觉，工作台自动调节 X、Y 及θ方向位置偏差，精确实现印刷模板与 PCB 的对准。

5）印刷工作台及运输导轨。包括运输导轨、运输带轮及皮带、步进电机、停板装置、导轨调宽装置等。功能：对 PCB 进板、出板的运输、停板位置及导轨宽度的自动调节以适应不同尺寸的 PCB 基板。

6）自动网板清洗装置。组成：包括真空管、真空发生器、清洗液储存和喷洒装置、卷纸装置、升降气缸等。网板清洗装置被安装在视觉系统后面，通过视觉系统决定清洗行程，自动清洗网板底面。

进行清洗时清洗卷纸上升并且贴着模板底面移动，用过的清洗纸被不断地绕到另一滚筒上。清洗间隔时间可自由选择，清洗行程可根据印刷行程自行设定。进行湿洗时，当储存罐中清洗液不够时，系统出现报警显示，此时应将其充满清洗液。干、湿、真空洗周期可自由调节。功能：可编程控制的全自动网板清洁装置，具有干式、湿式、真空三种方式组合的清洗方式，彻底清除网板孔中的残留钎剂，保证印刷质量。

（3）工作原理

由以上各部组成的全自动视觉印刷机在印刷钎剂时，钎剂受刮刀的推力产生滚动的前进，所受到的推力可分解为水平方向的分力和垂直方向的分力。当运行至模板窗口附近，垂直方向的分力使黏度已降低的钎剂顺利地通过窗口印刷到 PCB 焊盘上，当平台下降后便留下精确的钎剂图形。

4. 实训内容及步骤

钎剂印刷机操作如下。

（1）开机前检查

检查所有相关的设备及部件是否正常以及机器内部是否有异物等。

（2）开始生产前准备

1）范本的准备。

模板基材厚度及窗口尺寸大小直接关系到钎剂印刷质量，从而影响到产品质量。范本应具有耐磨、孔隙无毛刺无锯齿、孔壁平滑、钎剂渗透性好、网板拉伸小、回弹性好等特点。根据网框尺寸大小移动网框支承板，将网框前后、左右方向的中心对准印刷机前横梁。

2）钎剂准备。

在 SMT 中，钎剂的选择是影响产品质量的关键因素之一。不同的钎剂决定了允许印刷的最高速度，钎剂的黏度、润湿性和金属粉粒大小等性能参数都会影响最后的印刷质量。

对钎剂的选择应根据清洗方式、元器件及电路板的焊接性、焊盘的镀层、元器件引脚间距、用户的需求等综合起来考虑。

钎剂选定后，应根据所选钎剂的使用说明书要求使用。在使用之前必须搅拌均匀，直至钎剂成浓浓的糊状并用刮刀挑起能够很自然地分段落下即可使用。钎剂从电冰柜中取出不能直接使用，必须在室温 25℃左右回温（具体使用根据钎剂使用说明而定）；钎剂温度应保持与室温相同才可开瓶使用。使用时应将钎剂均匀地刮涂在刮刀前面的模板上，且超出模板开口位置，保证刮刀运动时能将钎剂通过网板开口印到 PCB 的所有焊盘上。

（3）系统启动

检查所输入电源的电压、气源的气压是否符合要求；检查机器各接线是否连接好；检查设备是否良好接地。

1）打开机器主电源开关。打开机器主电源开关，将自动进入主窗口画面。操作程序如下：

打开总电源开关→打开气源开关→打开机器主电源开关→进入机器主画面（主菜单）。

2）进入印刷机主界面。主窗口组成如图 3-13 所示。主窗口包含三部分：主菜单栏、主工具栏和信息栏。

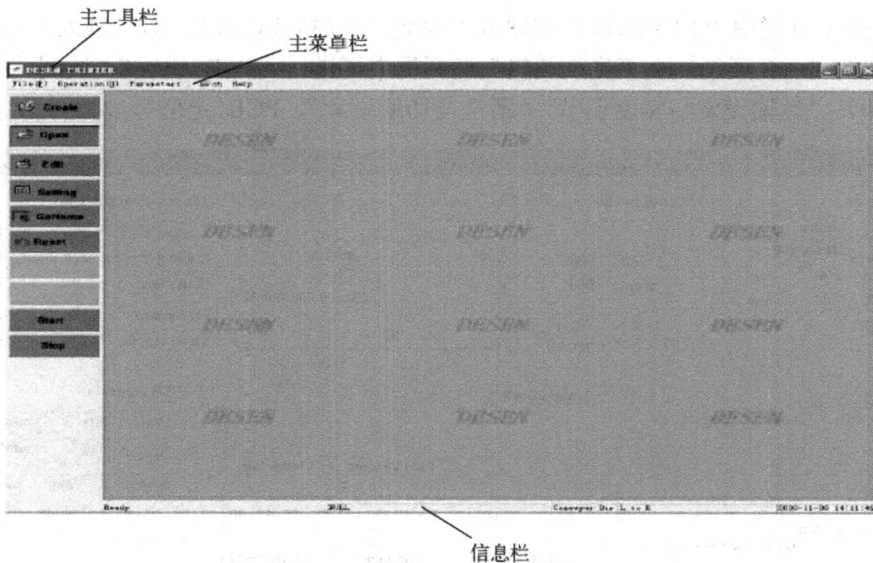

图 3-13　印刷机主界面

3）单击"归零"菜单，让机器运动部件回到原点部位。在主窗口显示的"现在进行归零操作吗？"对话框中，选择"否"，机器仍回到主窗口画面；选择"是"，机器进行归零操作，出现图 3-14 界面，并显示"当前位置"对话框，显示各运动轴当前的坐标值。

对话框进入方式：单击主工具栏中的"归零"。

（4）自动印刷机设置

1）单击主菜单栏"文件"→"新建"，并输入新建文件名。

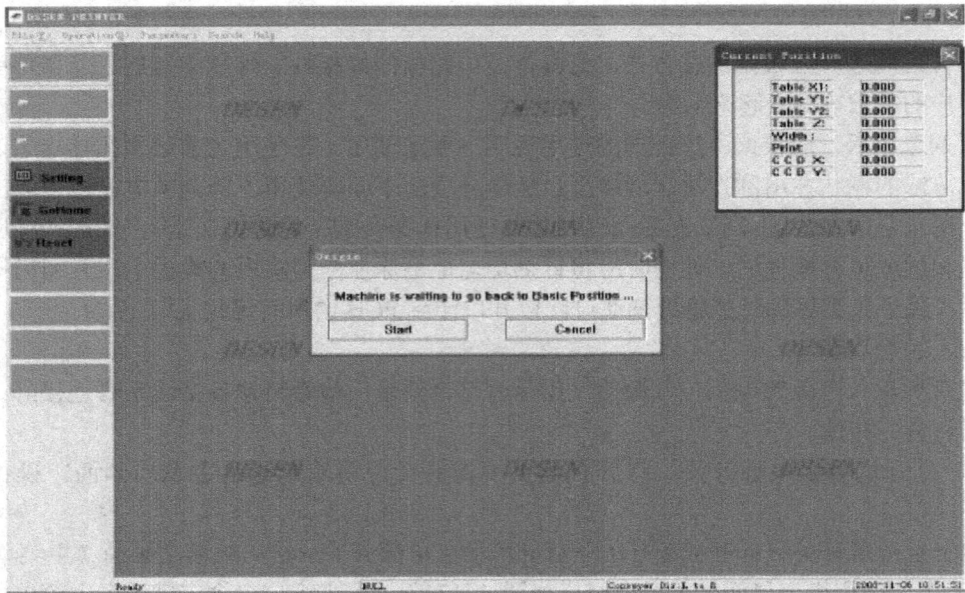

图 3-14　印刷机主界面

2）单击工具栏中"程序编辑"按钮或"设置/印刷参数设置"，即可进入"生产编辑"对话框，如图 3-15 所示：在"生产编辑"对话框中可进行"PCB 设置""控制方式"（系统默认为自动）、"运输设定与宽度调节""清洗与印刷设置"、PCB 定位等参数的设定。

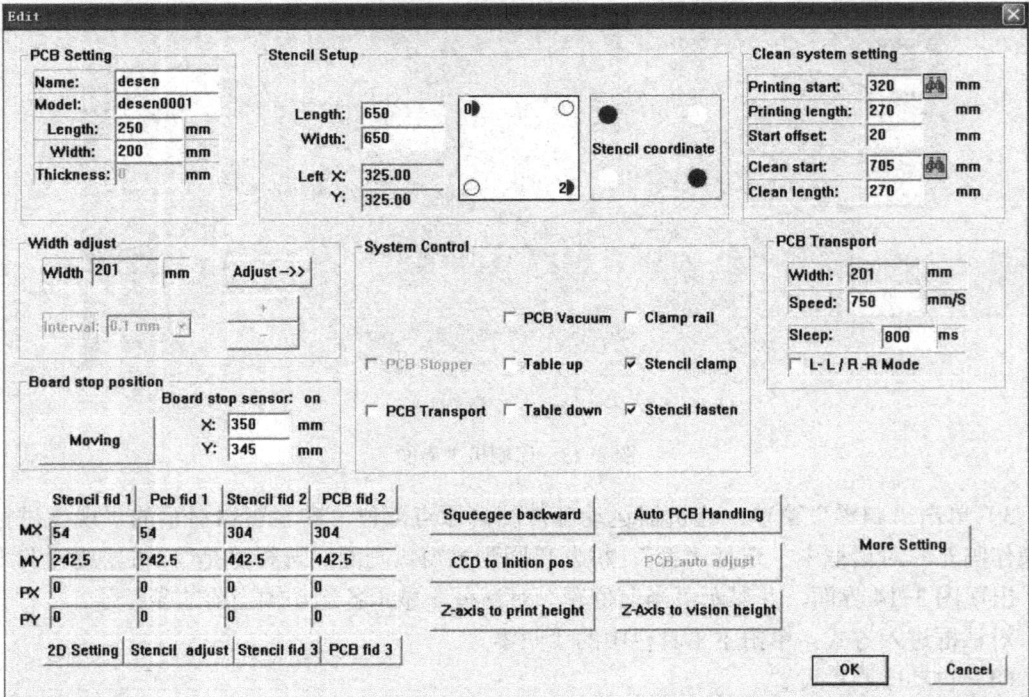

图 3-15　"数据录入第一页"对话框

说明事项如下。

1）将 PCB 参数设置好后，图中的"印刷起点""印刷长度"" 清洗起点"" 清洗长度"数值会自动生成，用户也可以根据生产的实际情况进行修改；输入数值应大于 PCB 的宽度。

2）在"生产编辑"中输入 PCB 的长、宽、厚参数后，则运输宽度无须设定，自动显示为"PCB 宽+1"。

3）在进行参数设置时，如所输入的数值超出机器设置范围，屏幕会显示"输入超出范围"的错误提示，并告诉你所输入参数的机器设置范围。

4）设置刮刀压力、刮刀速度、选择单刮或双刮及刮刀的运行方向；可选择"干、湿、吸真空"自动清洗方式及清洗的速度和时间间隔，也可选择行动的"人工清洗方式"；可设置标志点图标类型，如图 3-16 所示。

5）可设置视觉校正的取像方式——双照或只第一次双照；还可对印刷精度进行设置。

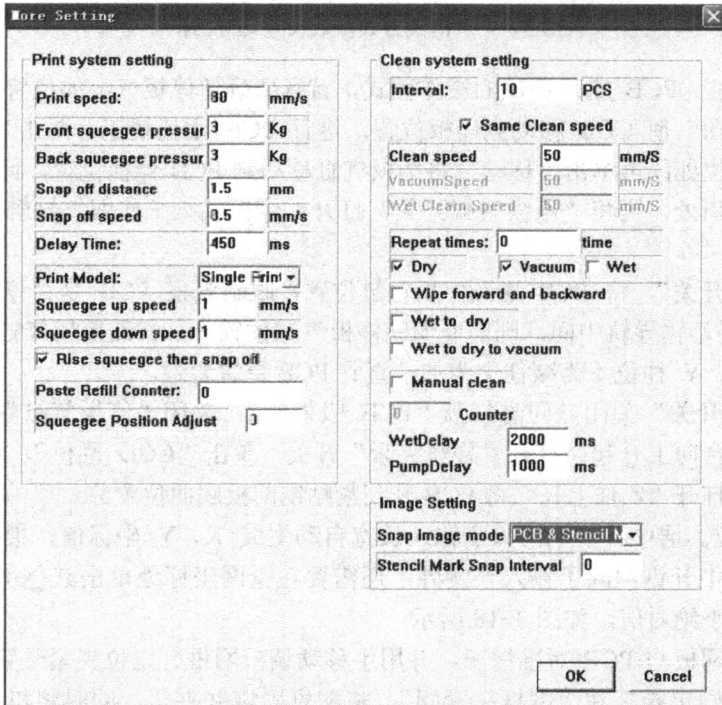

图 3-16 "印刷参数设置"对话框"数据录入第二页"对话框

注意：

a) 在设置视觉校正的取像方式时，如选择只第一次双照，则开始生产时只首次双照，以后每次进板只对 PCB 进行单照。

b) 如在此对话框中选择手动的"人工清洗方式"，在正常生产过程中，机器会按此对话框中所输入的"清洗间隔"参数生产完一定数量的产品后自动停下，并出现"人工清洗"对话框，如图 3-17 所示，等待人工清洗网板，步骤如下。

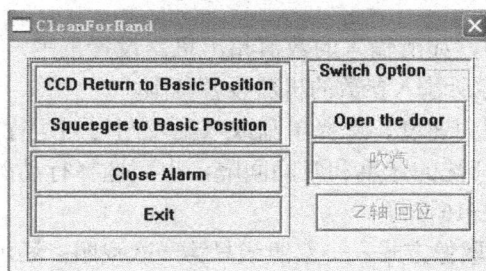

图3-17 "清洗方式参数设置"对话框

6）PCB定位。PCB定位调试的操作程式，首行要确认停板气缸的位置居中且合适。单击"挡板气缸移动"使CCD移动到停板位置，进行PCB定位校正；单击"刮刀后退"，将刮刀移动到后限位处；再单击"移动"将挡板气缸移动到PCB停板位置，此时将PCB放到运输导轨进板入口处，再将"停板气缸开关"打开，停板气缸工作即气缸轴向下运动到停板位置。

打开"运输开关"，将PCB送到停板气缸位置，眼睛观察PCB是否停在运输导轨的中间，如PCB不在运输导轨中间，则需要调整停板气缸位置——修改停板气缸X、Y坐标，X往←为减→为加，Y往位↑为减往↓为加，直到PCB位置合适。

再将"运输开关"关闭，同时打开"PCB吸板阀"；关闭"停板气缸"；打开"平台顶板"开关，工作台向上升起；打开"导轨夹紧"开关，单击"CCD回位"，将CCD Camera回到原点位置；打开"Z轴上升"将PCB升到紧贴钢网板底面位置。

7）钢网定位。居中开的钢网只需输入长宽自动生成X、Y坐标值，根据钢网坐标值将钢网定位，非居中开钢网除了输入长宽外，还需要在钢网坐标处单击红色小点，输入Mark点到钢网边的最小绝对值，如图3-18所示。

用眼睛观察网板与PCB对准情况，并用手移动调节网框、定位夹紧装置使之与PCB对准。打开"网框固定阀"和"网框夹紧阀"，将网框固定并夹紧；同时将机器上的网框锁紧气缸用挡环固定及移动Y向定位挡住网框；关闭"Z轴上升"，使工作台回到取像位置。

注意：单击"平台顶板"按钮，使PCB支撑块处入顶板位置，手动将PCB放于支撑块上，确认PCB上表面是否与导轨两中间压板表面平齐。如果不平齐，请手动调节"平台调节旋钮"使之平齐。

8）标志点设置。在以上程序完成以后，需要通过调用图像处理功能及标志点位置选择的辅助功能使PCB和Stencil网板对得更准。先选择标志点位置，双击生产编辑窗口中PCB坐标红色小点，出现Input窗口输入标志点到PCB边缘X、Y坐标的最小绝对值，如图3-19所示。

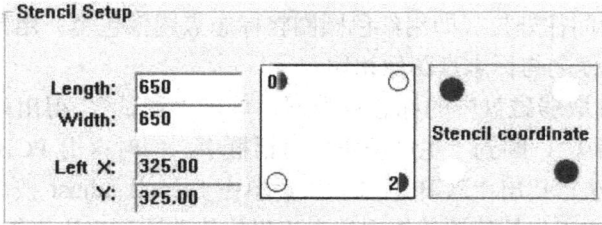

图 3-18　钢网参数设置界面

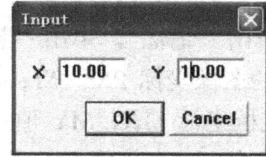

图 3-19　标志点设置界面

进行标志点设置，此时单击"PCB 标志 1"，出现"寻找标志点"对话框，如图 3-20 所示。

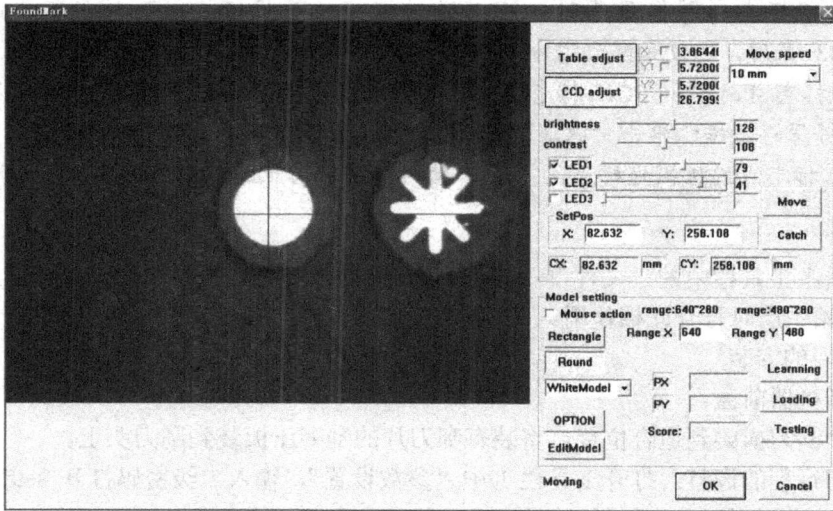

图 3-20　寻找标志点对话框

单击图 3-20 对话框中的 Move "移动"，然后根据对话框中〈手动移动速度的设置〉用手移动键盘上的箭头键（←↑→↓），待寻找到标志图像后再单击 Catch "捕捉"将图像定位，如图 3-21 所示。

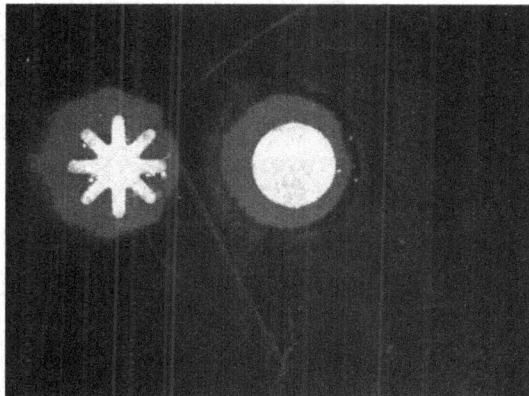

图 3-21　标志点定位界面

在图中按住鼠标左键从图像的中间往外拉（即用红色圆圈将标志点图像包容）用鼠标点住红色方框的中心"十字形"图标，使之与标志点图像相切。

单击"记忆"，单击"装载"，读取弱磁盘中的标志点数据；单击"测试"，得出丝网标志 1 的图像坐标 PX、PY；单击"确认"，回到"生产编辑"对话框中，同时得出 PCB 标志 1 的机械坐标 MX、MY 值；同样方法，找出"PCB 标志 2"后单击 Stencil adjust 按钮，在弹出的窗口中直接确定，将 PCB 标志点坐标值覆盖钢网标志点坐标值并回到"生产编辑"，用上面的方法分别设置"丝网标志 1""丝网标志 2"的图像，单击"Stencil adjust"按钮，根据提示移动钢网，完成后确定回到"生产编辑"窗口。

> **注意：**
>
> a) 在进行标志点图像采集时，可以通过调节"寻找标志点"对话框中的 LED1、LED2、LED3 亮度，以便采集到清晰的图像。
>
> b) 丝网标志 1、2 和 PCB 标志 1、2 数据采集完后，单击右下角的"确认"按钮，退回到主画面并保存数据；单击"取消"，取消此次编辑。
>
> c) PCB 标志点的机械坐标 Mx 、My 值与钢网标志点的机械坐标 Mx 、My 值必须分别保持一致。

9）单击主工具栏中的"文件"→"保存"，将此次 PCB 的参数设置保存到新建的文件名下，待开始生产时打开此档使用。

（5）刮刀的安装

1）打开机器前盖。

2）移动刮刀横梁到适合位置，将装有刮刀片的刮刀压板装到刮刀头上。

3）刮刀行程的调整：打开工具栏 1 中"参数设置"，输入二级密码打开 Setting "参数设置"对话框，进行刮刀升降行程的设置。

4）刮刀行程调整以刮刀降到最低位置刀片正好压在钢网板上为宜。

> **注意：**
> 刮刀片安装前应检查其刀口是否平直，有无缺损。

（6）试生产

1）快捷按钮式控制开关，控制生产的开始。操作步骤如下。

单击主窗口工具栏中的"开始生产"图标按钮，显示"现在进行归零操作吗"对话框，如图 3-22 所示。

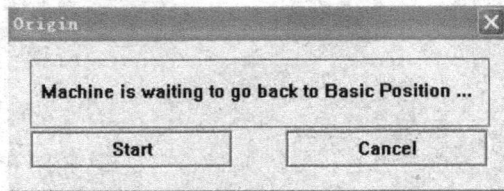

图 3-22 归零操作对话框

单击"是"，回到主窗口画面，进行"归零"操作。归零完成单击图 3-23 中的"开始”，回到主窗口界面，如图 3-23 所示。

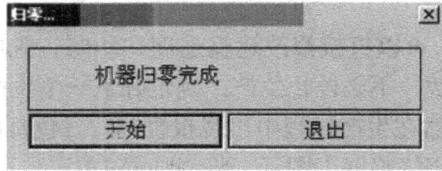

图 3-23　归零操作完成选择对话框

再单击“开始”，显示“在开始生产前请确认生产文件或数据是否正确”的生产提问对话框，如图 3-24 所示。

单击“否”，回到主窗口界面，打开正确的生产档或进行参数设置；单击“是”，出现提问对话框“是否要添置钎剂？”，如图 3-25 所示。

图 3-24　生产提问对话框

图 3-25　添加钎剂对话框

单击“是”进入运输宽度调节；单击“否”在主窗口界面上显示“生产状态”对话框，如图 3-26 所示。

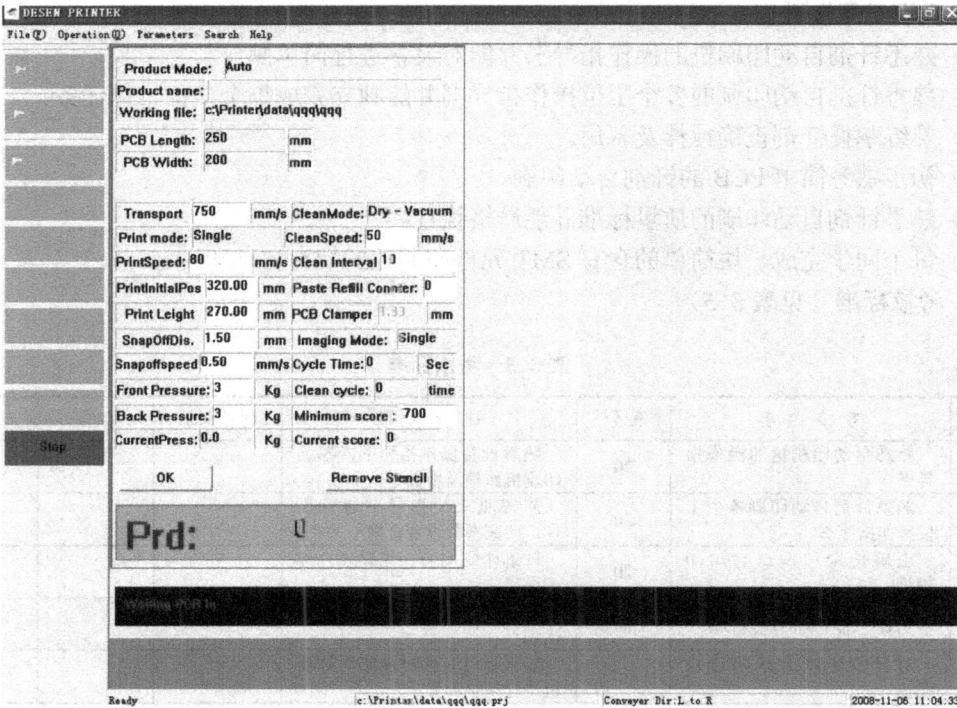

图 3-26　生产状态对话框

2）机器开始生产，并在图 3-26 对话框的下面一栏动态显示机器当前状态："等待进板……"

3）在生产状态桌面上，可以直接修改运输速度、印刷、脱模、清洗的速度和长度，以及刮刀压力、导轨夹紧等参数，不必停止生产；确定好下一个生产周期生效。

4）"关闭蜂鸣器"当机器在生产过程中出现报警时，三色灯的红灯闪烁，蜂鸣器鸣叫。此时可单击生产状态上"关闭蜂鸣器"图示，将蜂鸣器关闭。

（7）停止生产

快捷按钮式控制开关，控制生产的停止。

单击主窗口工具栏中的"停止生产"图标按钮，机器即会停止生产。

1）停止作业后，打开前盖，取下刮刀并用溶剂和软布清洁。

2）回收钎剂放回电冰箱贮存或与下一班交接，清洁网板。

3）清洁设备轨道、工作台后关闭前盖并对设备进行复位操作。

4）退出软件、关闭系统，按下控制面板上的"OFF"键，关闭电源。

（8）印刷结果检查

1）印刷出的第一块板需要质量检测，根据检测结果调整参数设置。

2）如检测结果不符合质量要求，应重新进行编辑或输入印刷误差补偿值。

3）钎剂印刷质量要求：本机器设定钎剂厚度在 0.1～0.3mm、钎剂覆盖焊盘的面积在 75%以上即满足质量要求。

4）网板清洗品质检测：本机器设定钎剂堵塞网板的覆盖面积超过 20%会有报警提示，此时可单击主工具栏中的"网板清洗"，重新设置清洗方式或清洗的时间间隔等参数。

5. 实训结果及数据

1）熟悉钎剂自动印刷机的操作指导书并能对设备进行简单操作。

2）熟悉钎剂自动印刷的各个工位操作指导书并能独立完成每个工位工作任务。

3）熟练掌握钎剂正确搅拌及备用。

4）初步熟悉简单 PCB 的钎剂自动印刷。

5）熟悉钎剂自动印刷的质量标准并能严格执行。

6）每个同学完成一块简单的含有 SMT 元件印制板的焊膏自动印刷。

6. 考核标准（见表 3-5）

表 3-5 考核标准

序号	考核内容	配分	评分标准	考核记录	扣分	得分
1	熟悉自动印刷机的操作指导书	20	熟悉设备操作指导书，熟悉印刷机原理及参数			
2	熟悉钎剂自动印刷各个工位操作指导书	20	能按照工位指导书进行操作，印刷参数设置合理			
3	正确使用和调试自动印刷机	20	钎剂印刷均匀、无黏连、厚度适当			
4	熟悉钎剂印刷的质量标准	20	对钎剂印刷的品质有基本认识			
5	对钎剂印刷的缺陷进行调整	20	能根据钎剂印刷缺陷对印刷机进行调整和修正			
6	分数总计	100				

3.5 习题

1. 有哪些方式可以实现钎剂的印刷?
2. 丝网印刷与模板印刷的区别是什么?
3. 影响印刷质量的重要因素有哪些?
4. 印刷质量的重要参数有哪些?
5. 简述钎剂印刷缺陷产生的原因及对策。

第4章 SMT贴片工艺

学习内容

(1) 贴片工艺及技术
(2) 贴片设备
(3) 贴片的常见缺陷及分析方法
(4) 贴片机的操作规范

学习目标

贴片工艺是 SMT 生产线上最重要的生产环节之一，贴片设备也是 SMT 生产线上最大一笔投资。学完本章，读者应能对 SMT 工艺技术的自动贴片工艺有一个概括性地了解，对 SMT 的贴片设备的工作原理、操作规范有一个概括性地了解。

高速自动贴片是一个复杂的系统工艺，影响贴片质量的因素很多且相互作用。学完本章后，读者应能掌握贴片过程中常见的质量缺陷的成因及解决办法。

4.1 SMT贴片机概述

贴片机在预设的程序控制下，将片式元器件准确地贴装到印好钎剂或贴片胶的 PCB 表面相应的位置。贴装元器件的工序是保证 SMT 组装质量和组装效率的关键工序。

4.1.1 SMT贴片机原理和工作过程

贴片机实际上是一种精密的工业机器人，是机-电-光及计算机控制技术的综合体，它通过吸取-位移-定位-放置等功能，在不损伤元器件和 PCB 的情况下，实现将 SMC/SMD 元件快速而准确地贴装到 PCB 所指定的焊盘位置上。SMT 实现精确元器件贴装主要采用的对准方式有机械对准、激光对准、视觉对准 3 种元件对准方式。

贴片机主要由机架、X-Y 运动机构贴装头、元器件供料器、PCB 承载机构、器件对准检测装置、计算机控制系统组成。整机的运动主要由 X-Y 运动机构来实现，通过滚珠丝杠传递动力，由滚动直线导轨运动实现定向运动，这样的传动形式不仅自身的运动阻力小、结构紧凑，而且较高的运动精度有力地保证了各元件的贴装位置精度。贴片机在重要部件如贴装主轴、动/静镜头、吸嘴座、送料器等上面都进行了 Mark 标识。

机器视觉能自动求出这些 Mark 中心系统的坐标，建立贴片机系统坐标系和 PCB、贴装元器件坐标系之间的转换关系，计算得出贴片机的运动精确坐标。贴装头根据导入的贴装元器件的封装类型、元器件编号等参数到相应的位置抓取吸嘴、吸取元器件。静镜头依照视觉处理程序对吸取的元器件进行检测、识别和对准；对准完成后贴装头将元器件贴装到 PCB

预定的位置。这一系列元器件的识别、对准、检测和贴装的动作都是工控机根据相应指令获取相关数据后控制执行机构自动完成的。

图 4-1 表示了 SMT 贴片工艺的典型流程。

4.1.2 贴片机类型

在 SMT 的生产中最重要的设备——贴片机，已从早期的低速机械对中发展为高速光学对中，并向多功能、柔性连袋模块化发展。

贴片机是用来实现高速、高精度地贴放元器件的设备，是整个 SMT 生产中最关键、最复杂的设备。典型的贴片机有松下的 MSR 贴片机、西门子的 Siplaces 80S-20、Assembleon—FCM 贴片机、多功能一体机等。以西门子 Siplaces 80S-20 贴片机为例实物如图 4-2 所示。

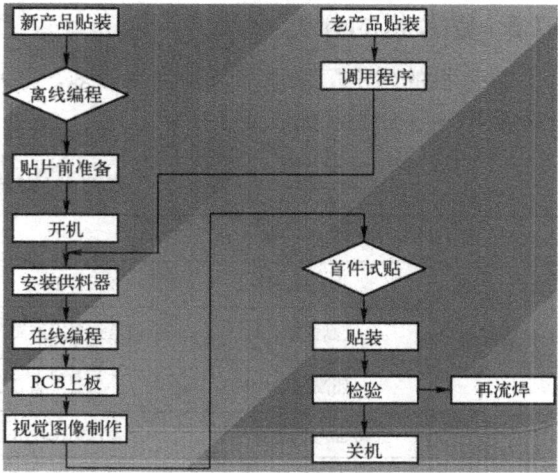

图 4-1　贴片工艺的典型工作流程图

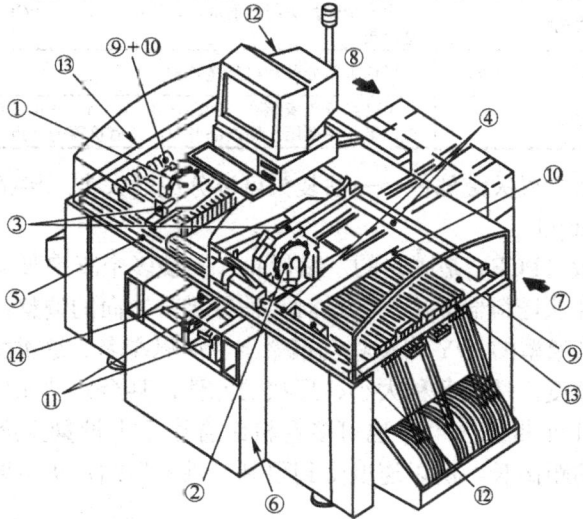

图 4-2　Siplaces 80S-20 贴片机的结构

① 旋转贴片头，悬臂 I　　　② 旋转贴片头，悬臂 II
③ 悬转 I，II，X 轴　　　　　④ 悬转 I，II，Y 轴
⑤ 安全罩及导轴　　　　　　⑥ 压缩空气控制单元
⑦ 伺服单元　　　　　　　　⑧ 控制单元
⑨ Table（Feeder 安放台）　　⑩ 空料带切刀
⑪ PCB，传送轴道　　　　　⑫ 弃料盒
⑬ 条码　　　　　　　　　　⑭ PCB 传输，夹紧控制单元

4.1.3 贴片机的分类

贴片机的生产厂家很多，种类也较多。贴片机可按速度、按功能、按贴装方式、按自动化程度等进行分类，如表4-1所示。

表4-1 贴片机的分类

分类形式	种 类	特 点
按速度分	中速贴片机	3千片/h～9千片/h
	高速贴片机	9千片/h～4万片/h，采用固定多头（约6头）或双组贴片头，种类最多，生产厂家最多
	超高速贴片机	4万片/h以上，采用旋转式多头系统。Assembleon—FCM型和FUJI—QP—132型贴片机均装有16个贴片头，其贴片速度分别达9.6万片/h和12.7万片/h
按功能分	高速/超高速贴片机	主要以贴片式元件为主体，贴片器件品种不多
	多功能贴片机	也能贴装大型器件和异型器件
按贴装方式分	顺序式贴片机	它是按照顺序将元器件一个一个贴到PCB上，通常见到的就是该类贴片机
	同时式贴片机	使用放置圆柱式元件的专用料斗，一个动作就能将元件全部贴装到PCB相应的焊盘上。产品更换时，所有料斗全部更换，已很少使用
	同时在线式贴片机	由多个贴片头组合而成，依次同时对一块PCB贴片，Assembleon—FCM就是该类
按自动化程度分	全自动机电一体化贴片机	目前大部分贴片机就是该类
	手动式贴片机	手动贴片头安装在Y轴头部，X、Y、θ定位可以靠人手的移动和旋转来校正位置，主要用于新产品开发，具有价廉的优点

当今主流的高速贴片机关键部件——贴装头可以分成两大类：拱架型和转塔型。

（1）拱架型（Gantry）

元件送料器、基板（PCB)是固定的，贴片头（安装多个真空吸料嘴）在送料器与基板之间来回移动，将元件从送料器取出，经过对元件位置与方向的调整，然后贴放于基板上。由于贴片头是安装于拱架型的X/Y坐标移动横梁上，所以得名。这类机型的优势在于：系统结构简单，可实现高精度，适于各种大小、形状的元件，甚至异型元件，送料器有带状、管状、托盘形式。适于中小批量生产，也可多台机组合用于大批量生产。这类机型的缺点在于：贴片头来回移动的距离长，所以速度受到限制。拱架型贴片头主要贴装大型、异型零件以及细间距引脚零件。

（2）转塔型（Turret）

元件送料器放于一个单坐标移动的料车上，基板（PCB)放于一个X/Y坐标系统移动的工作台上，贴片头安装在一个转塔上，工作时，料车将元件送料器移动到取料位置，贴片头上的真空吸料嘴在取料位置取元件，经转塔转动到贴片位置（与取料位置成180度），在转动过程中经过对元件位置与方向的调整，将元件贴放于基板上。这类机型的优势在于：一般，转塔上安装有十几到二十几个贴片头，每个贴片头上安装2～4个真空吸嘴（较早机型）至5～6个真空吸嘴（现在机型）。由于转塔的特点，将动作细微化，选换吸嘴、送料器移动到位、取元件、元件识别、角度调整、工作台移动（包含位置调整）、贴放元件等动作都可以在同一时间周期内完成，所以实现真正意义上的高速度。目前最快的时间周期达到 0.08～0.10 秒一片元件。这类机型的缺点在于：贴装元件类型的限制，并且价格昂贵。转塔型贴片头主要贴装小型 Chip 零件、规则外形零件及脚间距较宽（0.8mm 以上）的 IC 零件。

4.1.4 贴片机的工作示意图

目前的高精度全自动贴片机是由计算机、光学、精密机械、滚珠丝杆、直线导轨、线性电机、谐波驱动器及真空系统和各种传感器构成的机电一体化的高科技装备。其工作分为不同方式，示意图如图 4-3 所示。

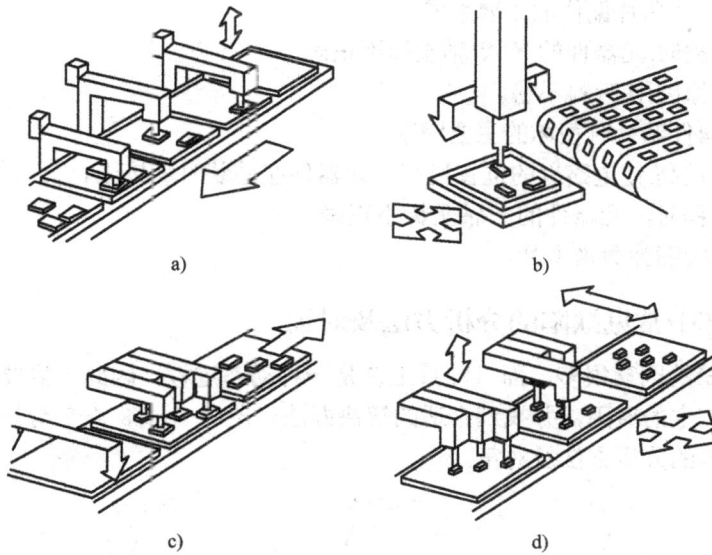

图 4-3 贴片机工作示意图

a) 流水作业式 b) 顺序式 c) 同时式 d) 同时在线式

4.2 SMT 贴片常见缺陷及分析方法

4.2.1 SMT 贴片工艺中的常见缺陷

贴片常见的品质问题有漏件、侧件、翻件、偏位和损件等。

（1）导致贴片漏件的主要因素

1）元器件供料架（feeder）送料不到位。

2）元件吸嘴的气路堵塞、吸嘴损坏、吸嘴高度不正确。

3）设备的真空气路故障，发生堵塞。

4）电路板进货不良，产生变形。

5）电路板的焊盘上没有钎剂或钎剂过少。

6）元器件质量问题，同一品种的厚度不一致。

7）贴片机调用程序有错漏，或者编程时对元器件厚度参数的选择有误。

8）人为因素不慎碰掉。

（2）导致 SMC 电阻器贴片时翻件、侧件的主要因素

1）元器件供料架（feeder）送料异常。

2）贴装头的吸嘴高度不对。

3）贴装头抓料的高度不对。

4）元件编带的装料孔尺寸过大，元件因振动翻转。

5）散料放入编带时的方向弄反。

（3）导致元器件贴片偏位的主要因素

1）贴片机编程时,元器件的 X-Y 轴坐标不正确。

2）贴片吸嘴原因,使吸料不稳。

（4）导致元器件贴片时损坏的主要因素

1）定位顶针过高,使电路板的位置过高，元器件在贴装时被挤压。

2）贴片机编程时，元器件的 Z 轴坐标不正确。

3）贴装头的吸嘴弹簧被卡死。

4.2.2 贴片工艺中常见缺陷的分析方法及对策

影响贴片质量的因素很多，而且贴片工艺是一种动态过程。因此，需要从多角度、全方位分析贴片缺陷产生的原因，并找到合适的解决办法。图 4-4、图 4-5 分别给出了 SMT 贴片工艺中常见缺陷的分析方法及对策。

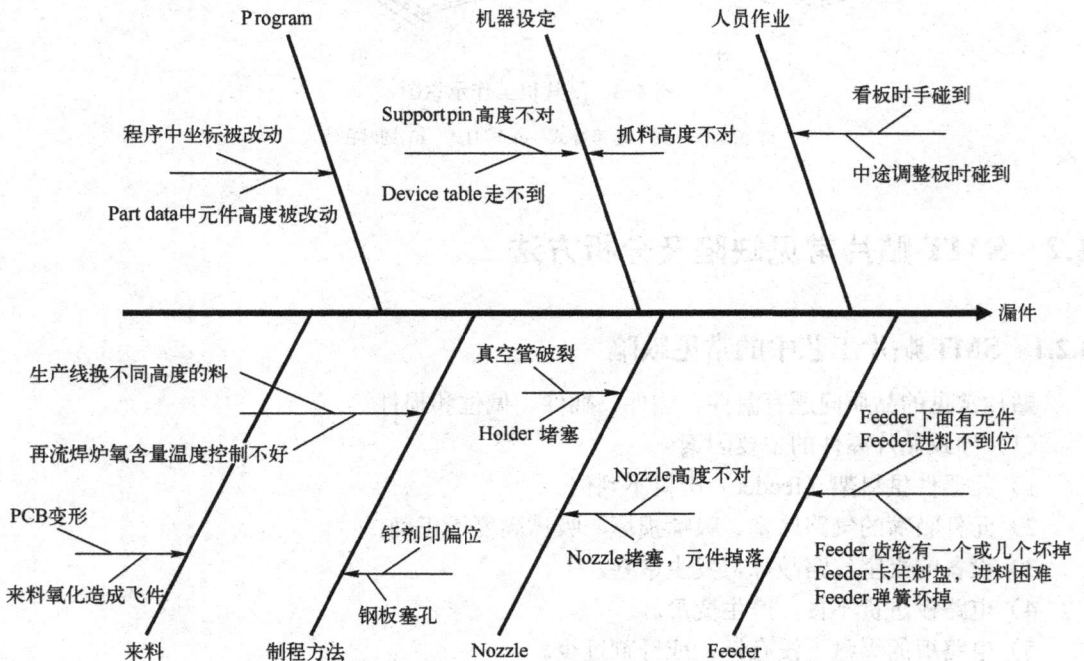

图 4-4　贴片工艺中"漏件"缺陷的分析方法

材料包装　　　　　　　　　机器设定　　　　　　　　人员作业

来料编带的装料孔尺寸太
大，造成元件在料带中滑动

Support pin 高度不对　　　　　　抓料高度不对

上料时将散件放入
feeder 造成翻件

来料有折痕，造成翻件、侧件

Device table 走不到

写错 part data

来料本身翻件

→ 翻件、侧件

真空管破裂

Holder 堵塞

Nozzle高度不对

Feeder下面有元件
Feeder进料不到位

Nozzle堵塞，元件掉落

Feeder齿轮有一个或几个坏掉
Feeder卡住料盘，进料困难
Feeder弹簧坏掉

Nozzle　　　　　　　　　　Feeder

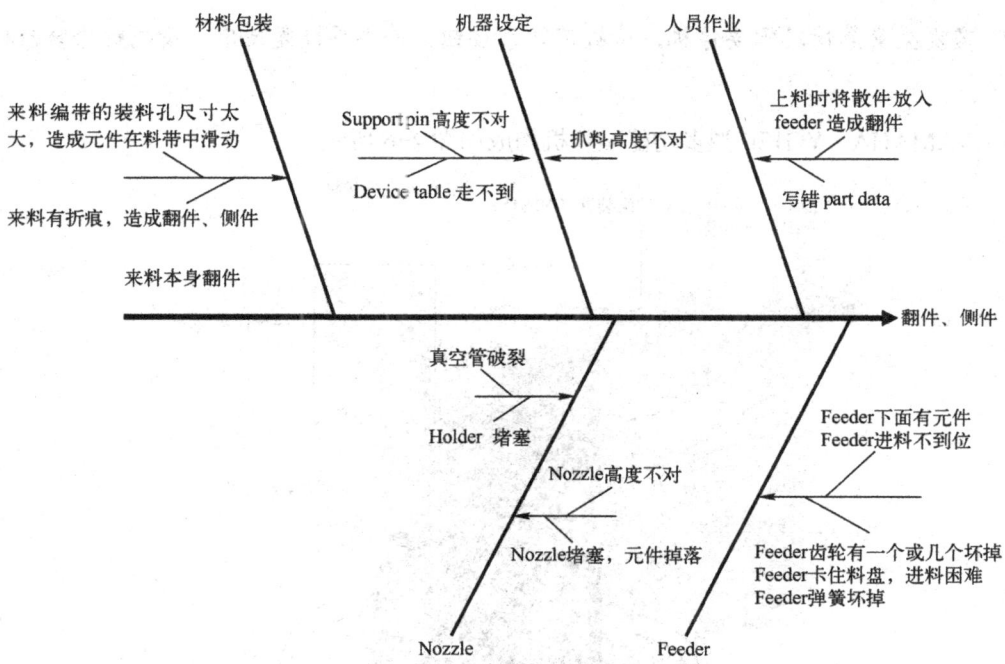

图 4-5　贴片工艺中"翻件、侧件"缺陷的分析方法

4.3　实训 1　贴片机的安装调试准备

1. 实训目的及要求
1）了解贴片机原理与参数。
2）了解贴片机各个硬件模块功能。
3）熟悉贴片机的使用及操作事项。
4）熟记贴片机开机及调试的步骤。
5）养成贴片机安全操作习惯。

2. 实训器材及软件
1）多功能贴片机（型号：YAMAHA　YG12F）　　　　　一套。
2）贴片机工位操作任务单　　　　　　　　　　　　　一套。
3）工位质量控制单　　　　　　　　　　　　　　　　一套。
4）贴片元件、PCB　　　　　　　　　　　　　　　　若干。

3. 相关知识点
首先，强调贴片机操作过程的注意事项，不恰当的操作有可能引起危险。

注意：
a) 注意贴片机的开关机顺序，严禁不按照顺序进行开关机。
b) 使用机器时，严禁将身体的任何部位进入贴片机移动范围内，否则可能会有一定的危险性。
c) 若要在机器内部进行必要操作，请揭开安全盖操作。

1）YAMAHA YG12F 型多功能贴片机构成如图 4-6 所示。

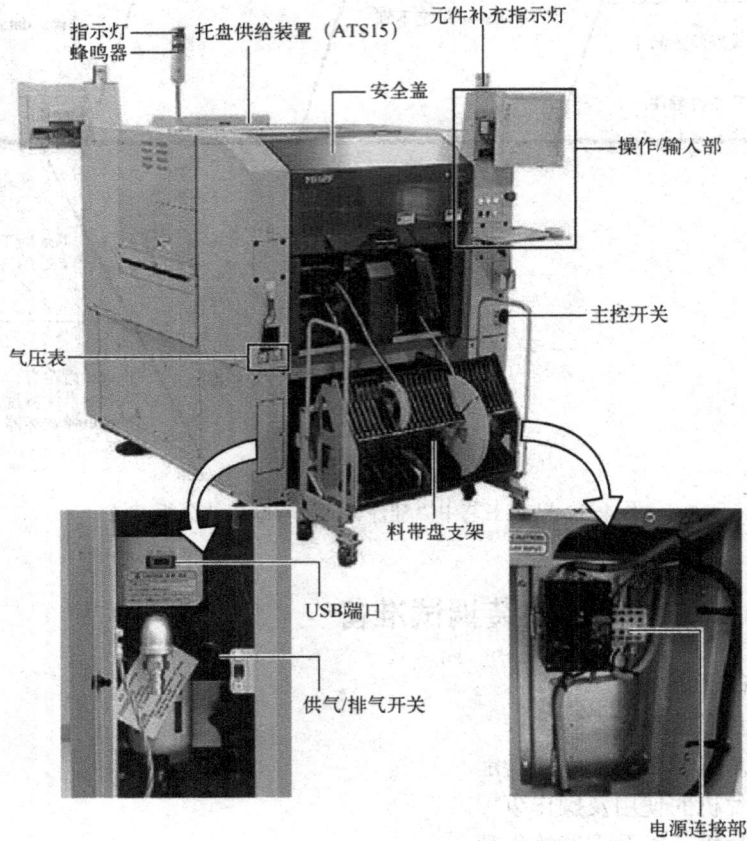

图 4-6　YAMAHA　YG12F 型多功能贴片机主机

指示灯：贴片机的实时状态用绿、黄、红或绿、白、蓝三种颜色的指示灯显示（可从两种配色类型中选择颜色）。指示灯对应的状态如表 4-2 所示。

表 4-2　贴片机指示灯状态

状　　态	例	绿色	红色/白色	黄色/蓝色
暖机、自动运行中		亮灯		
紧急停机			亮灯	
系统发生错误 ———蜂鸣器 ON———	过载电流、2 次极限溢出等		亮灯	
运行、基板程序发生错误时 ———蜂鸣器 ON———	吸附错误、识别错误、程序检查错误等			亮灯
元件无法使用	元件用完、TC 门为打开状态等			闪烁

① 蜂鸣器。

当贴片机发生异常或错误时，蜂鸣器鸣响报警（左右转动蜂鸣器所带的圆环可以调节音量）。

66

② 安全盖。

如打开安全盖，与紧急停机相同机器陷入停机状态，停止运行。运行中，必须关闭安全盖。

③ 气压表。

显示设定气压（上方）与气压下降检出压力（下方），用压力调节阀和气压表内检出气压下降的压力调节按钮使各数值显示为下列气压。

● 贴片机设定气压（右侧上方）：0.55MPa
● 气压下降检出压力（右侧下方）：0.40MPa
● 贴装头设定气压（左侧上方）：0.40~0.41MPa
● 气压下降检出压力（左侧下方）：0.33MPa

④ 贴装头部。

通过安装在贴装头前端的吸嘴吸附或贴装元件，贴装头部还装备有识别基板标记用的相机。

⑤ 正面左下面板内。

有供气/排气开关及 USB 端口。

⑥ 主控开关。

接通或关闭贴片机电源的开关，向右旋转即可接通电源。

注意：

如要再次接通电源，必须间隔 2s 以上。

⑦ 机器间连接用接口（机器之间的输入/输出信号）。

贴片机从后工序机接收信号后将基板传出，并向前工序机发出信号要求传入其他基板。

⑧ 送料器安装部。

主要用于安装带式送料器。

2）贴片机的正面和背面（背面的为选配）有操作机器、输入数据时使用的操作面板按钮、键盘和鼠标等装备。

以下分别介绍这些装备的主要功能。

操作、输入部分如图 4-7、图 4-8 所示。

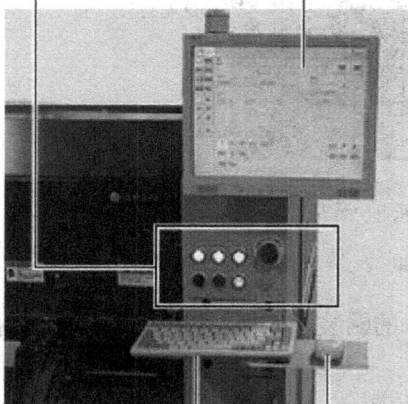

图 4-7　操作、输入部分示意图

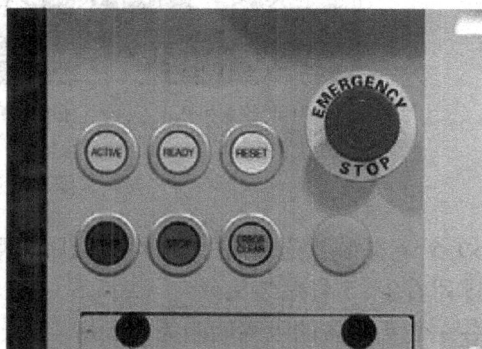

图 4-8　操作面板按钮

3）操作面板按钮配备在贴片机的正面和背面（背面的为选配）如图 4-8 所示，频繁使用的命令可以在操作面板上执行。打开各按钮（ON）时，按钮呈亮灯状态。按钮的颜色与指定的指示灯配色类型相同。

操作面板按钮的功能和状态如表 4-3 所示。

表 4-3　操作面板按钮的功能和状态

按钮名称	用　　途	熄　灯	亮　灯
ACTIVE	使此面板上的其他按钮有效。前后均有面板按钮的贴片机，不能同时使用此按钮	启动机器后其他面板有操作权	有操作权
READY	解除紧急停机、使伺服呈启动（ON）状态	SERVO OFF（电机动力关闭）	SERVO ON（电机动力启动）
RESET	停止运行，返回生产基板的准备状态	通常运行时、停机时	完成复位时
START	（绿色）根据基板程序进行元件的贴装	停机	运行（闪烁）暂停、分段运行
STOP（红色/白色）	中断机器运行（用 START 按钮重新启动机器）	运行	发生错误
ERROR CLEAR（黄色/蓝色）	清除出错时的报警蜂鸣和报警画面	运行	发生错误
EMERGENCY STOP	按此按钮，机器呈紧急停机状态	向右旋转解除	

4）贴装头部安装在贴片机的 XY 轴上，进行元件的吸附和贴装。以下介绍贴装头部的构成和吸嘴的种类。贴装头部如图 4-9 所示。

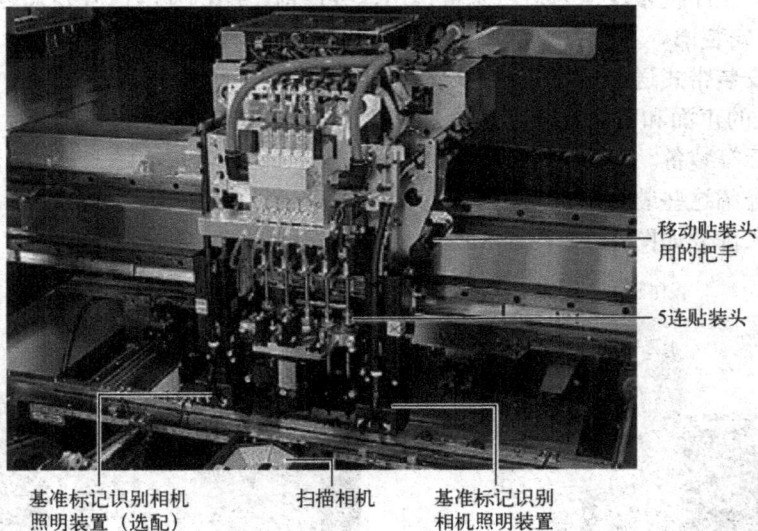

移动贴装头用的把手

5 连贴装头

基准标记识别相机　　　扫描相机　　　基准标记识别
照明装置（选配）　　　　　　　　　相机照明装置

图 4-9　贴装头部

5）5 连贴装头配备有 5 个可以吸附、贴装元件的贴装头。面对贴片机正面，从右至左分别排列着 1～5 号贴装头。

各贴装头配备的吸嘴间距为 24mm。5 连贴装头如图 4-10 所示。

5号贴装头　　　　　　　1号贴装头

图 4-10　5 连贴装头

4. 实训内容及步骤

熟悉贴片机的机器状态，贴片机安全开机。

（1）操作安全

1）使用机器前请先阅读机器附带操作手册的安全事项部分。

2）拆装 Feeder 或操作者身体任何部位进入机器前，必须打开安全门，或者按下"EMERGENCY"键（急停按钮），然后机器状态栏显示"紧急"才可以操作。

（2）机器状态栏

机器状态栏可显示如下各种状态。

STOP 该标记表示机器处于错误报警状态，如吸料错误、识别错误等。

RESET 机器处于复位状态，确保安全情况下可以按操作面板上的"START"使机器运行。

AUTO. 该标记表示机器处于自动运行状态，可以按操作面板上的"STOP"使机器停止运行。

SAFE 该标记表示机器处于安全停止状态位状态，必须消除掉安全停止的原因后才可以运行。

ERROR 该标记表示机器处于错误报警状态，如吸料错误、识别等。

（3）SMT 贴片机开关机步骤

开机→返回原点、暖机→选择程式→调 试、生产→关机

注意：贴片机开机需要 5～10 分钟启动暖机。

（4）轨道调整，放置待贴片的 PCB

单击 🔲 →单击 🔲 →单击 🔲 →确认→完成

注意：PCB 宽度设定不可过宽（会导致 PCB 掉落），也不可过窄（会导致 PCB 传送不顺）。

（5）PCB 固定以及顶针放置

单击 →单击 →放顶针→确认→完成

注意：PCB 厚度设定与 TABLE 上升的高度无关；但为了保持程式与其他机型的一致性，请按实际厚度录入。

PCB 的固定方式是采用外形基准的方式进行定位的，程式中的定位方式选择成外形基准即可。

5. 实训结果及数据

1）熟悉指出 SMT 贴片机主要的组成部分。

2）对各部分的功能能进行简单描述。

3）对 SMT 贴片机的安全注意事项能牢记在心。

4）正确开关贴片机。

5）正确对贴片机进行开机的硬件设置。

6. 考核标准（见表 4-4）

表 4-4　考核标准

序号	考核内容	配分	评分标准	考核记录	扣分	得分
1	熟悉 SMT 贴片机的操作指导书	20	熟悉设备操作指导书			
2	熟悉贴片机主要组成部分	20	能按正确指出组成部分并描述功能			
3	熟悉贴片机的安全操作规则	20	能安全操作			
4	初步熟悉 SMT 贴片及工艺流程并进行简单操作	20	对 SMT 贴片机工艺流程有基本认识			
5	熟悉 SMT 各个工位的质量标准	20	对 SMT 质量标准有基本认识			
6	分数总计	100				

4.4　实训 2　贴片机的准备及 PCB 参数设置

1. 实训目的及要求

1）掌握贴片机软件设置内容。

2）了解贴片机在线编程 PCB 参数流程。

3）掌握贴片机在线编程。

2. 实训器材及软件

1）多功能贴片机（型号：YAMAHA　YG12F）　　　　　一套。

2）贴片机工位操作任务单　　　　　一套。

3）工位质量控制单　　　　　一套。

4）贴片元件、PCB　　　　　若干。

3. 相关知识点

贴片机开始工作前必须对需要贴片的 PCB 各种参数进行对应设置，标注好 PCB 原点、厚度等基本参数才能准确定位坐标。YAMAHA 系列贴片机基板（Board）主菜单下一般包含五项子菜单：基板（Board）、贴装（Mount）、位移原点（Offset）、基准标记（Fiducial）和坏标记（Bad mark）（有的机型还有预点胶和正式点胶菜单）。不同型号贴片机菜单会有不同，贴片前需要分别对五项进行预设定。

（1）PCB DATA（程式）的创建

基板（Board）设置菜单如图 4-11 所示。

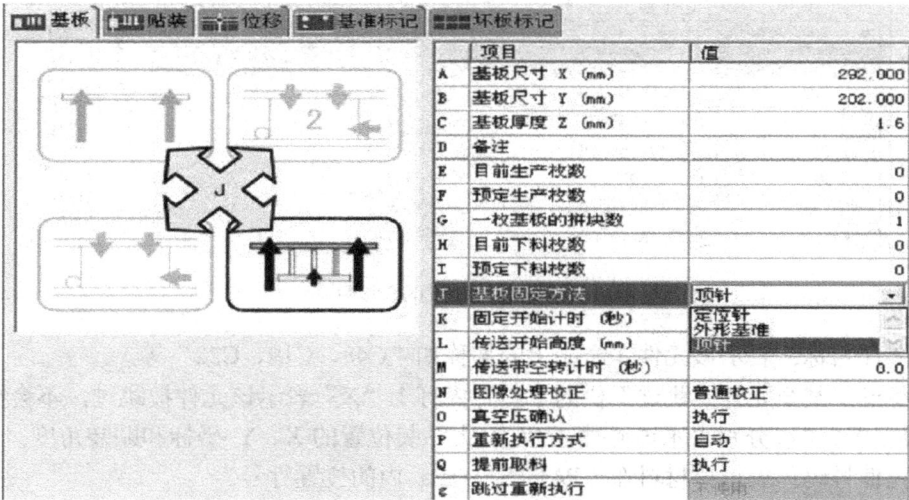

图 4-11　PCB 基板设定

A　基板尺寸 X（mm）：指要生产的 PCB 在 X 方向上的尺寸。

B　基板尺寸 Y（mm）：指要生产的 PCB 在 Y 方向上的尺寸。

C　基板厚度 Z（mm）：指要生产的 PCB 的厚度。

D　备注：对当前程序的说明性语句，对机器运行不产生影响。

E　目前生产枚数：产量计数器，每生产一块 PCB 该数据就会自动累加 1（如果是拼板则以整块产品计算）。

F　预定生产枚数：以整块 PCB 计算的计划产量，机器产量达到该值后会出现报警提示产量完成，设为 0 则表示无穷大。

G　一枚基板的拼块数：以小拼板计算的产品产量。

H　目前下料枚数：机器轨道出口处的产量计数器，此处每有一块 PCB 送出则自动加 1。

I　预定下料枚数：允许从机器轨道出口流出的产品数量。

J　基板固定方法：设定用于固定 PCB 的装置，一般选"外形基准"方式。

L　传送开始高度（mm）：设定 PCB 生产完毕后 P/U Table 下降一定的高度，以便 PCB 被松开送出机器。

M　传送带空转计时秒：轨道上感应 PCB 的 Sensors 信号延时，当 PCB 上有孔或较大缝隙影响到正常感应时，可适当设定该参数以便消除影响。

N　图像处理校正：设定机器贴装材料时是否使用相机识别的功能。

O　真空压确认：设定机器运行时是否通过真空检测来判断材料是否被正确吸取。

P 重新执行方式：设定当材料被抛弃后机器补贴的方式，有自动、拼块、组三种。

Q 提前取料：设定是否使用预先吸取材料的功能。

（2）MOUNT（贴装）设置

单击 YAMAHA YG12F 贴片机主菜单下的 MOUNT（贴装）参数，进入菜单，如图 4-12 所示。

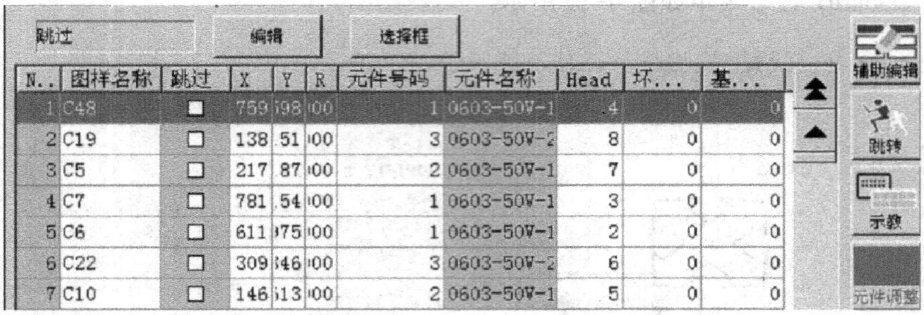

图 4-12 MOUNT 参数

1．图样名称：表示该元件在产品上的名称如"C48、C19、C22"等。

2．跳过：某个元件"跳过"栏的"口"内打上"X"表示该元件被跳过，不会贴装。

3．X、Y、R：分别表示该元件在 PCB 上贴装位置的 X、Y 坐标和贴装角度。

4．元件号码：表示该材料在"PARTS"Data 内的位置行号。

5．元件名称：该材料的编码即通常所说的"料号"。

6．Head：规定该元件贴装时所用的贴装头序号（机器上远离 Moving Camera 的那个头为 Head1）。

7．坏板标记：用于机器自动跳过坏板的"Bad Mark"序号，整板程序时可以区分同名元件属于哪一块板。

8．基准标记：用于设定 POINT FID.、LOCAL FID.等。

■编辑■单击可以选择"执行"（正常贴装）或"跳过"（此时机器为过板模式"Pass Mode"）。

■选择框■该键按下后可以用鼠标直接在"跳过"一栏的方框里打"X"以便跳过某一元件，否则不能进行以上操作，以防止误操作导致元件漏空。

■示教■单击"示教"，如图 4-13 所示，可以通过"相机"来直接提取元件的贴装坐标。

1．步进方式：点亮后用图中的箭头键移动相机时可以平稳匀速移动。

2．"0.010"：该框显示的数据为单步移动的幅度，可用下面的三角箭头选择 0.010mm、0.1mm 以及 1mm 等。

3．速度（%）：可以调整移动的速度，可以用下面的三角箭头选择不同的速度。

4．设置：在示教坐标前先纠正 Fiducial。

5．标记照明：可选择不同的灯光照明，以达到视野清晰的效果。

6．设置：可以选择是否通过识别 Mark 来补偿 PCB 位置偏移，同时也可选择对拼板的某一小块操作。

7．跟踪（Trace）：用于追踪当前坐标，向前跟踪、向后跟踪用于追踪上一行或下一行坐标。

8. 多点：当元件尺寸超出相机视野时，可以通过多点的方式找到元件中心。
9. 示教：可以将当前坐标直接计入程序。

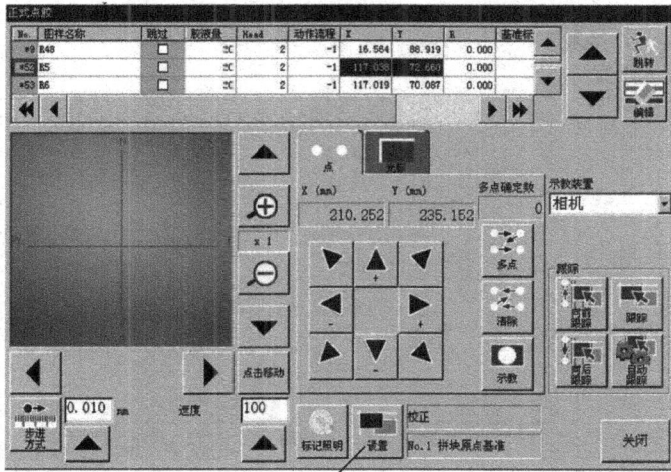

设置：在示教坐标
前先纠正Fiducial

图 4-13　元件的贴装示教

4．实训内容及步骤

（1）创建基板程序名（Set up-Create）

1）开启电源，自动进入主界面，单击图标，如图 4-14 所示。

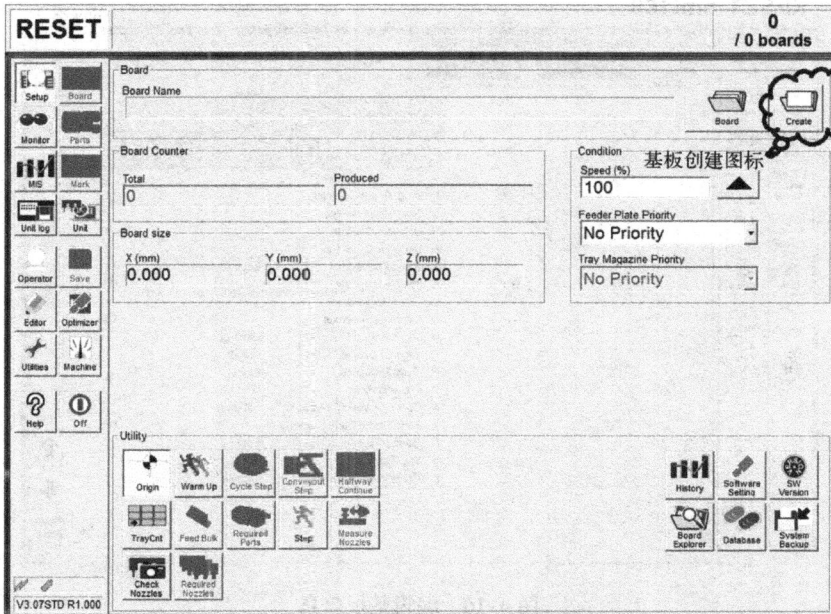

图 4-14　创建基板

2）再单击右上角基板创建图标，弹出图 4-15 所示的对话框。然后在基板名称（Board Name）空白栏内输入基板名称，单击 OK 即完成了基板名称的建立。

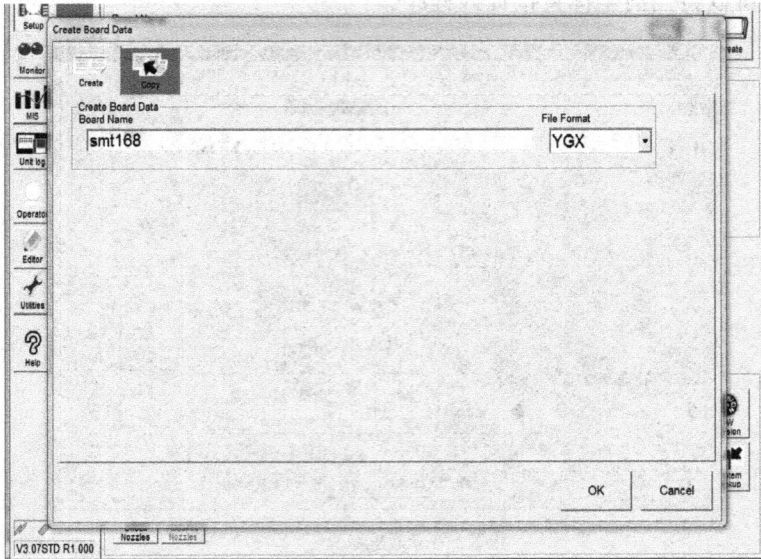

图 4-15 基板创建成功

（2）编辑基板信息

1）单击基板（Board）主菜单，会弹出五项子菜单基板（Board）、位移原点（Offset）、贴装（Mount）、基准标记（Fiducial）和坏标记（Bad mark），如图 4-16 所示。

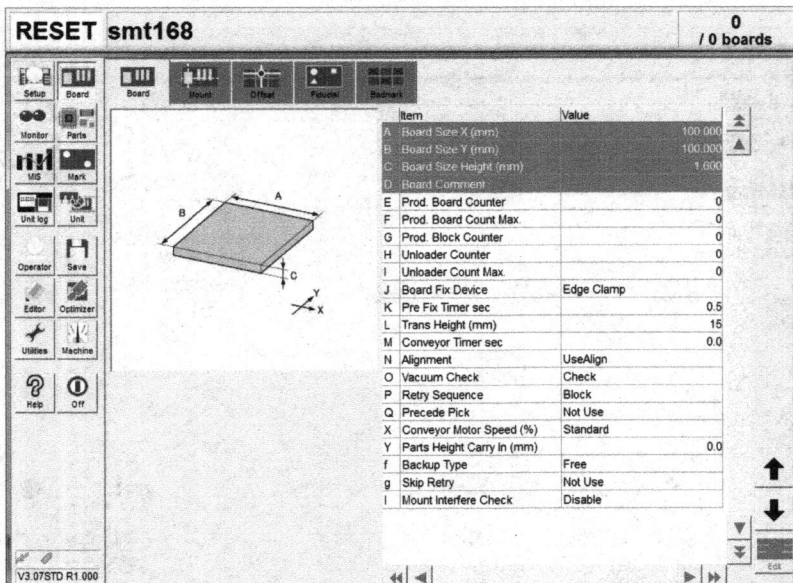

图 4-16 编辑基板信息

2）单击 5 项子菜单中的 Board 菜单，设定以下几项参数：

A 项基板 X 方向的尺寸、B 项基板 Y 方向的尺寸、C 项基板的厚度、J 项基板的固定方式、Locate Pin（定位针）、Edge Clamp（外形基准）和 Pin+Push up（顶针），一般选择外形基准（Edge Clamp），也叫作边夹定位。

（3）手动固定基板装置

1）单击主界面中的 Unit（装置）菜单，会弹出 4 项子：菜单：Conveyor（传送带）、Head（头）、Feeder（供料器）和 I/O（输入/输出），如图 4-17 所示。

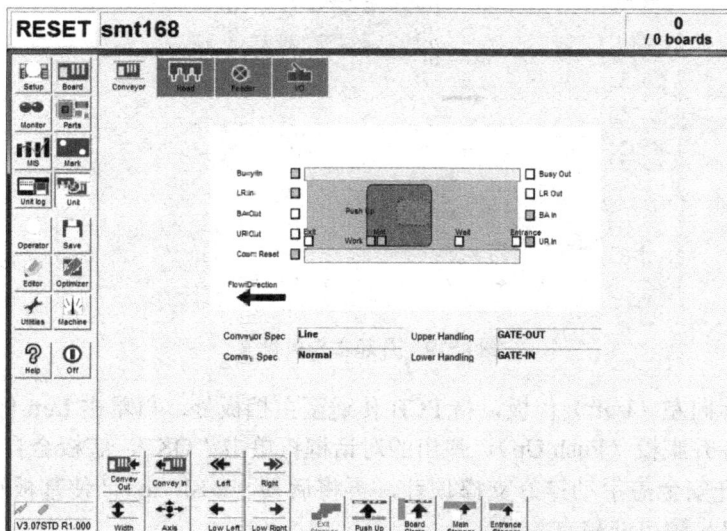

图 4-17　手动固定基板装置菜单

2）单击 4 项子菜单中的传送带（Conveyor）菜单；打开图标宽度（Width）菜单，在弹出的对话框中输入宽度，再单击"OK"，轨道会自动调节到位，如图 4-18 所示。

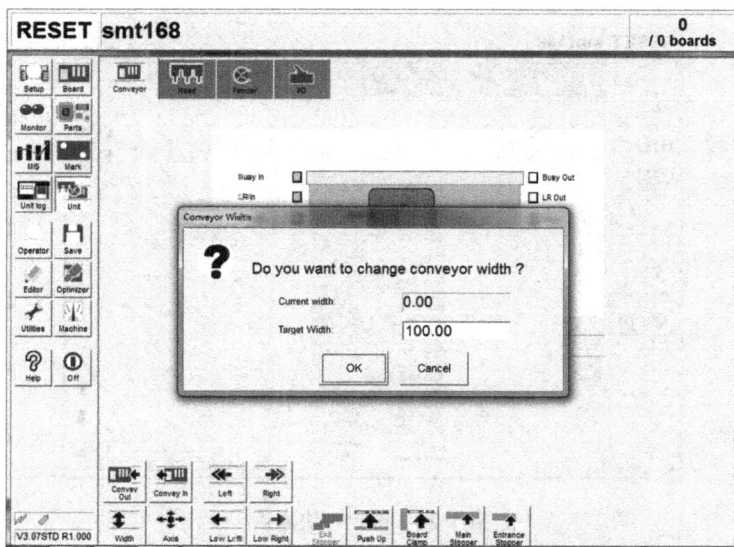

图 4-18　设置基板宽度

3）单击主挡板图标（Main Stopper）升起主挡板，将 PCB 放入轨道入口处，如图 4-19 所示。

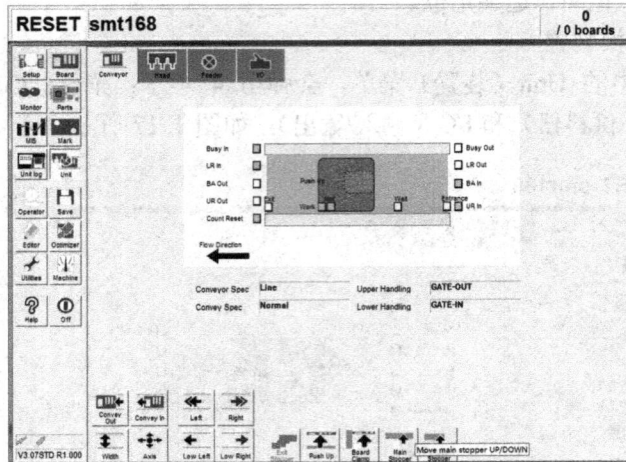

图 4-19　升起主挡板设置

4）单击图标向左（Left）传板，待 PCB 传送至主挡板处，再单击 Left 停止传送。

5）单击图标升底板（Push Up），弹出的对话框再单击"OK"，底板会自动升起。

6）然后打开安全盖手动排好支撑顶针，再将后顶（Push In），使基板输送位置无偏差（不同型号贴片机步骤可能稍有差异）。

7）最后单击图标边夹定位（Edge Clamp），就把 PCB 固定在传送轨道的固定位置。

（4）编辑基板位移原点 Board-Offset

1）单击位移原点（Board-Offset）图标，如图 4-20 所示，设定基块原点（Board Offset）。

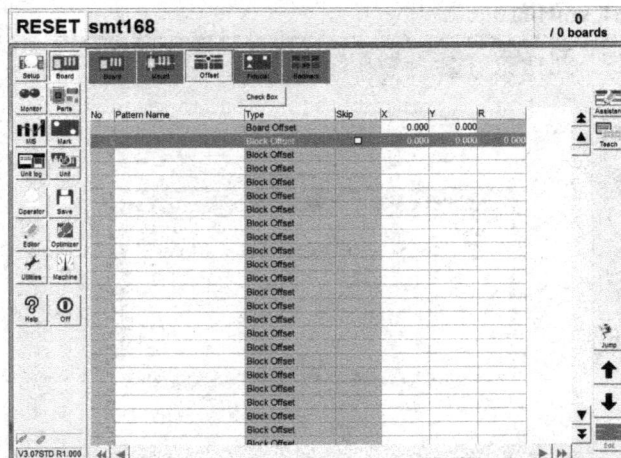

图 4-20　设定大块原点

2）单击图标示教（Teach）菜单进入示教窗口，如图 4-21 所示，单击方向键将贴片头移动到需要编辑的 PCB 原点位置，然后单击图中的示教（Teach）把当前的位置记录下来。

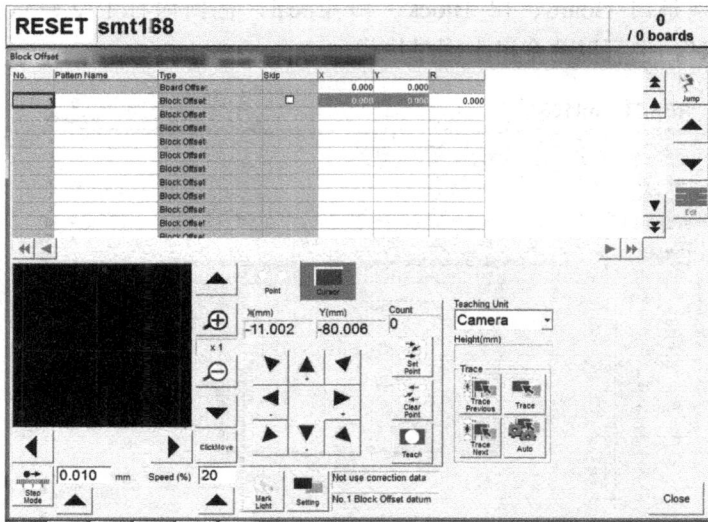

图 4-21　编辑 PCB 原点位置

提示：

① 原点一般设定在基板的左下角，可以是圆的切线，也可以是焊盘的切线。

② 如果是拼板，用上述同样的步骤将每一小块的原点坐标记录在 Block Offset 一行上，且其他小板原点的位置一定要与第一小块的原点位置相同，如果有工艺边则大块原点要设定在第一小块基板上。

（5）编辑基板基准标记（Board-Fiducial）

1）单击 Board 图标下的基准标记（Fiducial）图标进入基准点设置窗口，如图 4-22 所示。

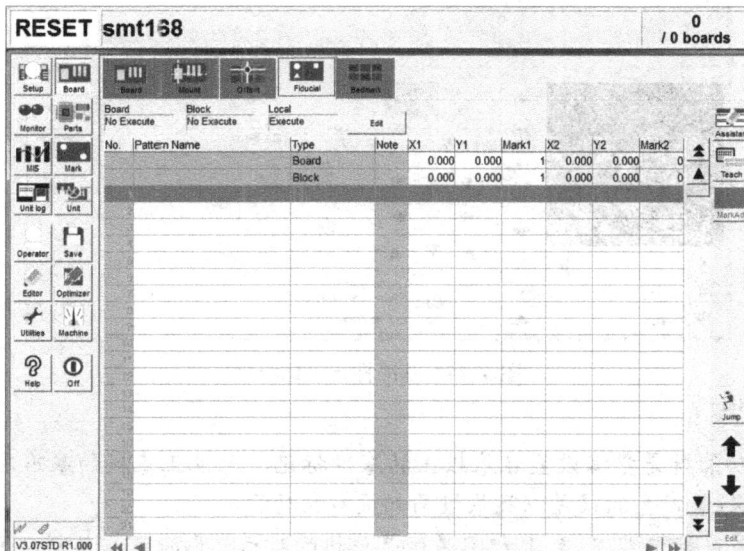

图 4-22　基板基准点设置

2）然后单击右上角编辑（Edit）弹出窗口，如图 4-23 所示，选择贴装是否执行使用基准标记功能。分别是口 Board、口 Block、口 Local，在口内打上√表示使用，一般选择 Board，单击"OK"。也可以两个以上同时执行。

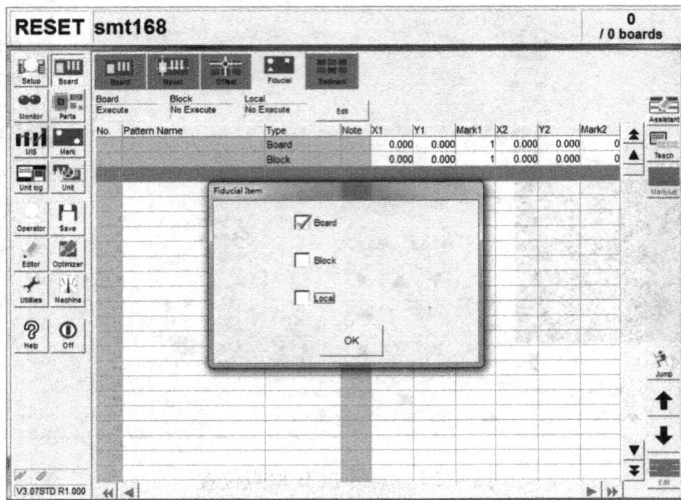

图 4-23　PCB 基准标记选择

3）最后单击 Teach 示教菜单，弹出图 4-24，单击方向键移动头部相机到某板需要编辑基准标记的中心位置，再单击图中的示教（Teach）把基准标记坐标记录下来。

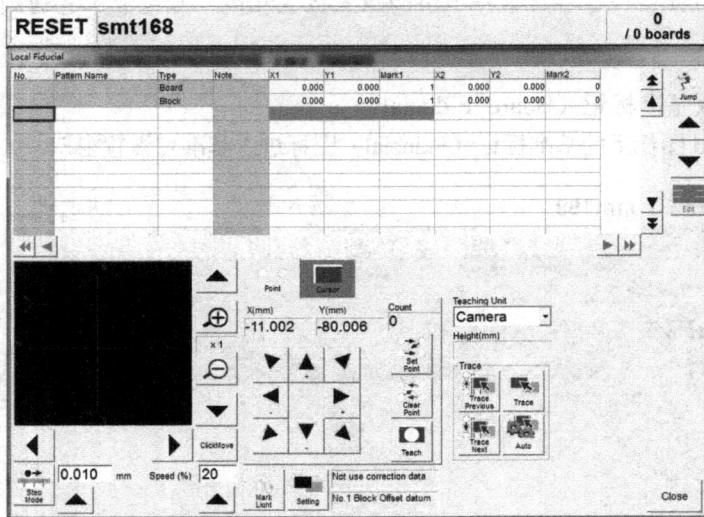

图 4-24　基准标记坐标记录

提示：

① 基准的功能就是根据设置在基板上的基准标记，来校正基板的基准孔、外形加工误差、由基本固定位置产生的误差以及基板局部歪斜的功能。

② 设置的基准标记需 2 点 1 组且最好是基板的对角，形状可以是圆、方、矩形或者三角形等。

（6）编辑标记点信息（Mark）

1）单击主界面图标标记（Mark）菜单弹出窗口，如图4-25所示。

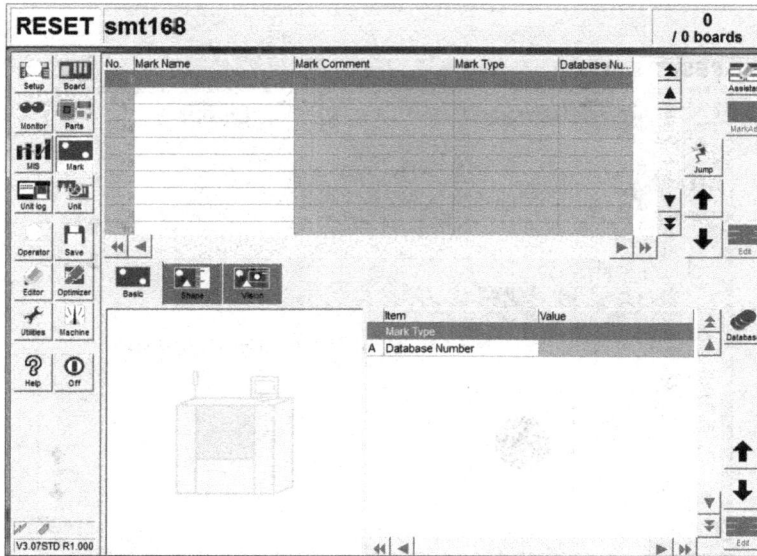

图4-25　编辑标记点信息

2）单击"NO.1"栏"Mark Name"（标记名称）输入标记名称，如 MARK1 等。单击"Basic"菜单，然后选择标记类型（Mark Type），单击下拉式菜单，选择标记类型。若使用基准标记（Fiducial）功能，则选择基准标记（Fiducial），若使用坏点标记（Bad Mark）则选择"Bad Mark"，如图4-26所示。

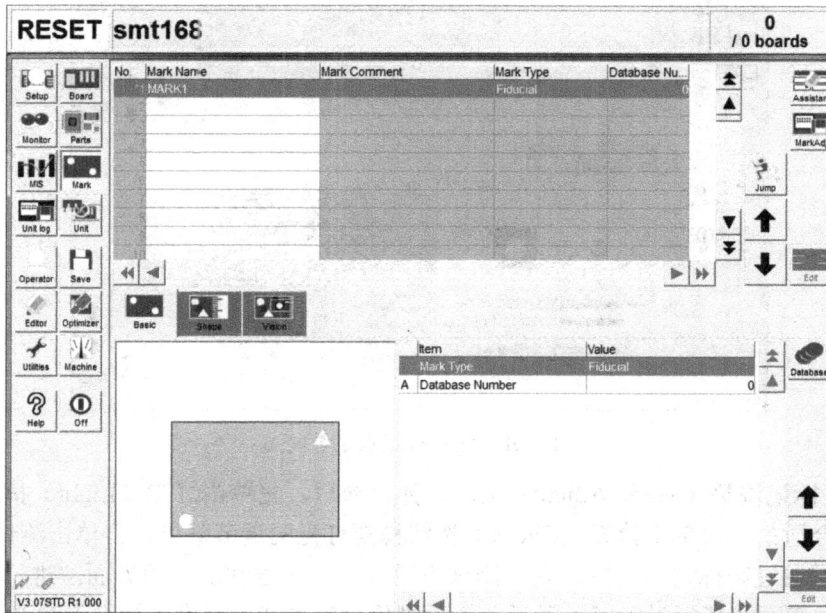

图4-26　选择输入标记名称

3）单击形状（Shape），然后选择形状类型（Shape Type），单击下拉式菜单，选择其外形类型。如果使用圆形就选择圆形，再选择直径（Mark Out Size）菜单栏输入尺寸，如图 4-27 所示。

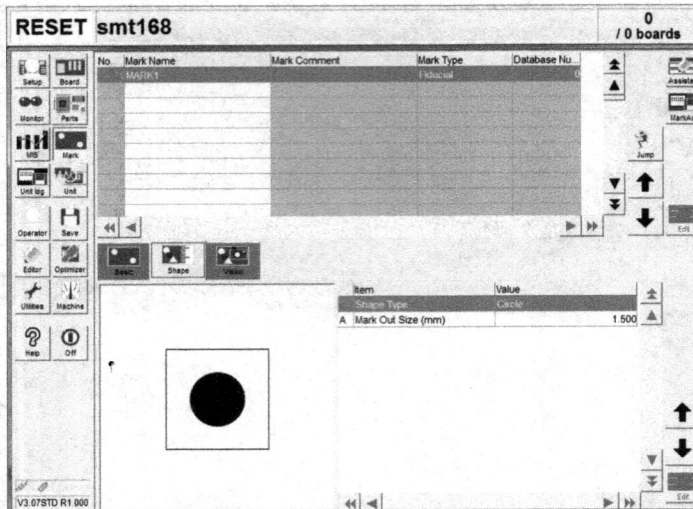

图 4-27　选择形状和尺寸

4）单击反光（Vision）菜单，然后选择反光类型（Surface Type），单击下拉式菜单，选择其类型反光（Reflect）、不反光（Non Reflect），如图 4-28 所示。

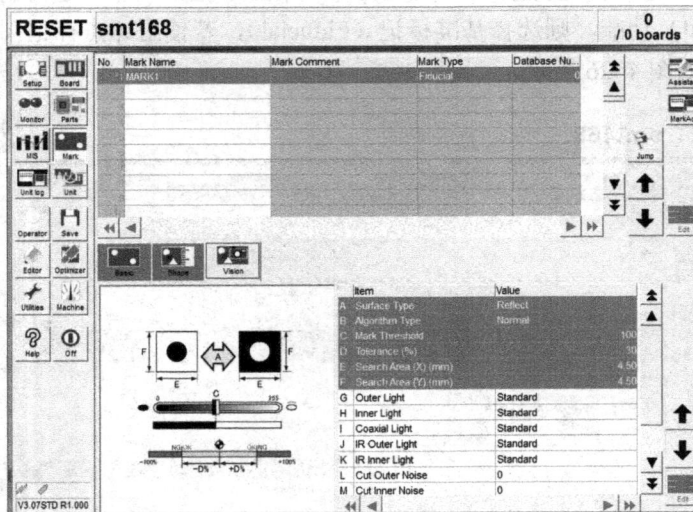

图 4-28　选择标记点是否反光

5）单击标记调整（Mark Adjust）菜单，弹出窗口，先单击灯光（Light）按钮调节光的各项参数至合适值，再单击检查（Check）按钮检查灯光的调节效果，再单击测试（Test）进行测试。测试通过则标记点设置成功。测试不通过，则需返回前一项界面，进行参数调整，再重新测试，直至最终通过测试。最后单击适当值（Find Test）优化标记点数据，如图 4-29 所示。

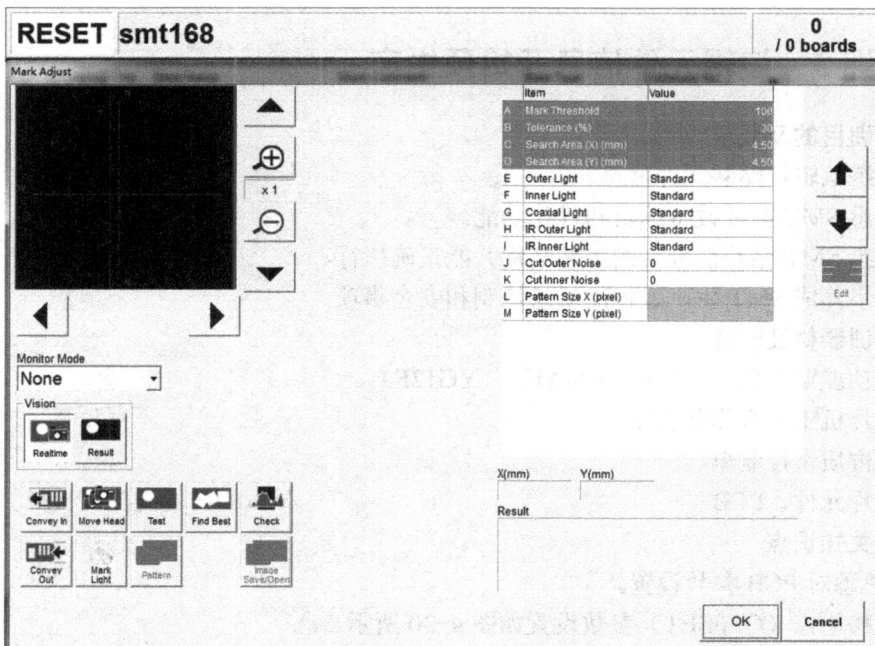

图 4-29 测试标记点数据

> **提示：**
> 因 PCB 本身的差异以及受照明环境等因素的影响，灯光可根据 PCB 的实际情况加以调节，测试（Test）的影像效果应该是黑白分明，边缘整齐。

5. 实训结果及数据

1）安全正确开机并进入主界面。

2）熟悉 SMT 软件控制界面的各项功能。

3）正确设置 PCB 定位参数。

4）针对不同 PCB 能完整、正确地设置原点参数。

5）贴片机能正确识别 PCB 的原点。

6. 考核标准（见表 4-5）

表 4-5　考核标准

序号	考 核 内 容	配分	评 分 标 准	考核记录	扣分	得分
1	SMT 贴片机安全、正确操作	20	是否符合安全标准			
2	熟悉贴片机软件操作界面，各个菜单功能	20	对菜单功能是否熟悉			
3	正确设置 PCB 的基准点参数	20	成功设置基准点参数			
4	对不同 PCB 能独立设置原点参数	20	完整设置基准点定位参数			
5	贴片机成功识别 PCB 原点	20	贴片机对待生产的 PCB 成功识别原点			
6	分数总计	100				

4.5 实训 3 编辑元件信息开始预生产

1. 实训目的及要求

1）熟练编辑待贴装元件信息。

2）熟悉 SMT 贴片设备编辑和优化功能。

3）熟悉 SMT 贴片前准备的工艺文件并能正确执行。

4）逐步养成 SMT 生产过程的质量控制和安全事项。

2. 实训器材及软件

1）多功能贴片机（型号：YAMAHA YG12F） 一套。

2）贴片机工位操作任务单 一套。

3）工位质量控制单 一套。

4）贴片元件、PCB 若干。

3. 相关知识点

继续熟悉对 PCB 参数设置。

1）位移原点（OFFSET）参数设置如图 4-30 所示。

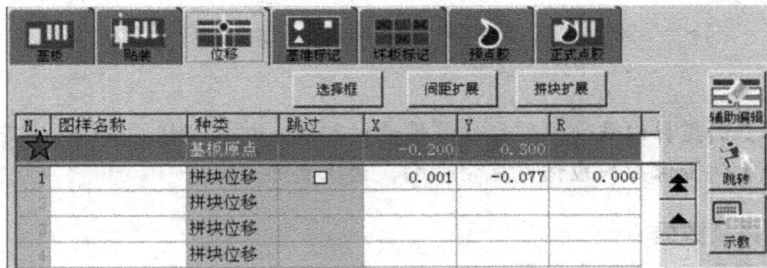

图 4-30 OFFSET 设置

① 选择框：该键按下后可以用鼠标直接在"跳过"一栏的方框里打"X"以便跳过某一拼板，否则不能进行以上操作，以防止误操作。

② *：上图"＊"处的一行"基板原点"表示 PCB 坐标原点位置，可以单击"示教"按钮再直接通过镜头提取得到。一般定义在第一块拼板上的某一特征点，以方便接下来的操作。

③ 图中从表格的第二行起（即编号为 1、2、3 等所示的各行），每一行代表该 PCB 的一块拼板，而且每一行的 X、Y、R 分别表示该拼板的相对坐标。

④ 图样名称：可以输入各拼板的名称（如"Block1、Block2……"）对机器运行不产生影响，只是用于区分拼板的序号。

2）基板标记参数设置。

基板标记参数设置如图 4-31 所示。

几种常用 Fid（标记）概念如下。

基板标记（Board Fid）：定义用于补偿整块 PCB 贴装坐标的一组 Mark。

拼块标记（Block Fid）：定义用于补偿某一拼板贴装坐标的一组 Mark。

局部标记（Local Fid）：用于补偿某一组元件贴装坐标的一组 Mark；元件（Point Fid）：用于补偿某一个元件贴装坐标的一组 Mark。

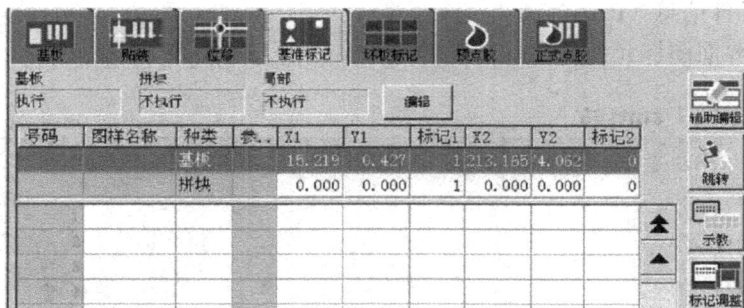

图 4-31　基板标记参数设置

编辑：单击该按钮可以选择是否使用以上所述各种 Fiducial。

★图 4-31 中表格里的 X、Y 值分别表示定义的各个坐标。

标记 1、标记 2：该列数字表示前面 X、Y 坐标定义的 Fiducial 在"标记"参数中对应的行号，两个标记可以相同，也可以不同，其中标记 2 的数字如果为"0"则表示与标记 1 相同（如"标记 1 为 1，标记 2 为 0"等同于"标记 1 为 1，标记 2 为 1"）但是标记 1 的数字不能为 0。

3）坏点标记（Bad Mark）参数设置。

坏板标记设置如图 4-32 所示。

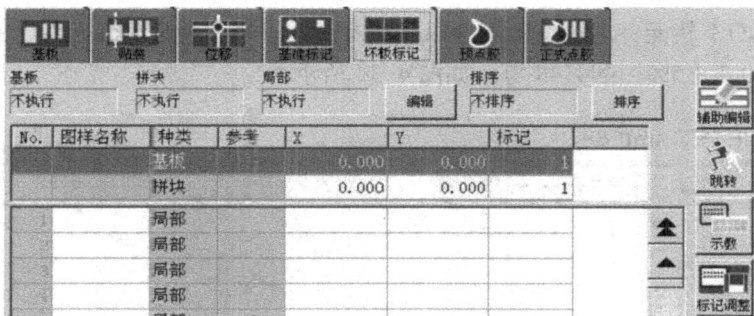

图 4-32　坏板标记设置

几种常用坏板标记如下所示。

基板式坏板标记（Board Bad Mark）：定义用于判断整块 PCB 是否贴装的坏板标记。

拼块式坏板标记（Block Bad Mark）：定义用于判断某一拼板是局部否贴装元件的坏板标记（一般设定）。

局部式坏板标记（Local Bad Fid）：在整板程序中用于判断某一个元件是否贴装的坏板标记。

编辑：单击该按钮可以选择是否使用以上所述各种坏板标记。

★上图中表格里的 X、Y 值分别表示定义的各个的坐标。

标记：该列数字表示前面 X、Y 坐标定义的 Bad Mark 在"Mark"参数中对应的行号。

4. 实训内容及步骤

学生独立重复完成实训 2 的内容后继续进行以下设置。

（1）编辑元件信息（Parts）

1）单击主界面图标元件（Parts）菜单，弹出图 4-33 所示窗口。

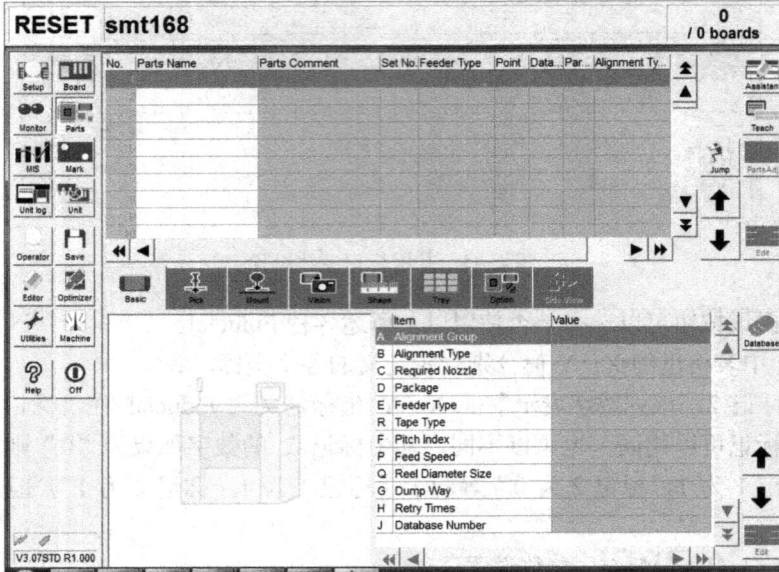

图 4-33　元件编辑界面

2）单击 NO.1 栏元件名称（Parts Name）内输入印制在卷带盘或元件上的名称。例如：
10k±5%、　100nF±5%、IN4148 等，如图 4-34 所示。

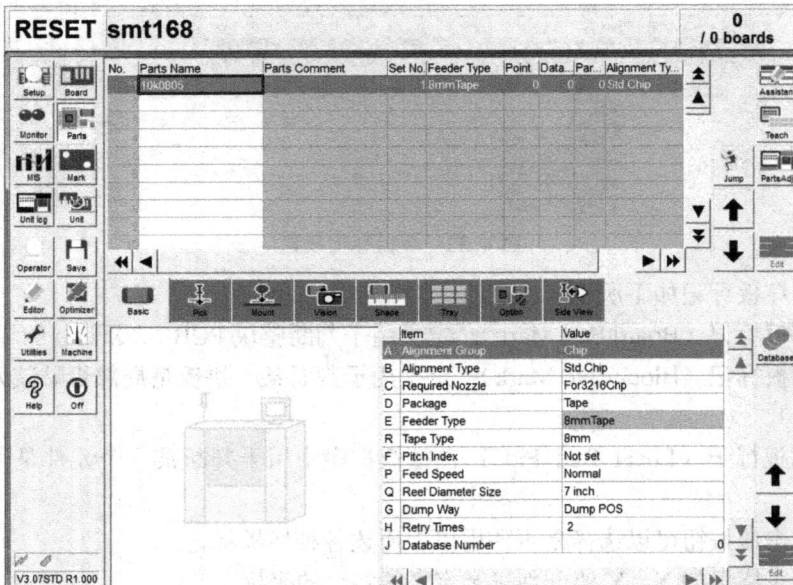

图 4-34　输入元件名称

3）单击基本（Basic）菜单中的数据库编号（Database Number），输入各元件在数据库里面相应的编号。

4）单击图中右下角数据库（Database）菜单，弹出图 4-35 所示的窗口，在窗口中单击元件所在数据库的编号那一行，然后单击设置（Set）按钮，调出相应的元件。

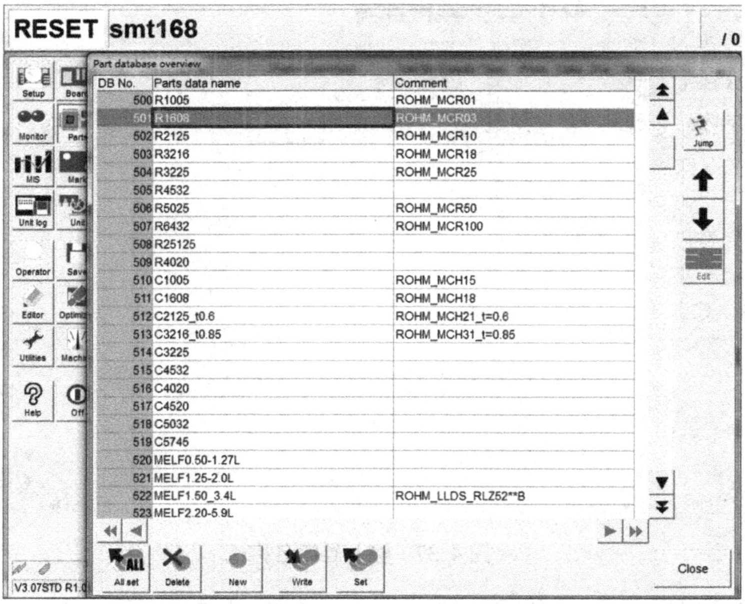

图 4-35　输入的元件名称和编号

（2）编辑贴装信息（Board-Mount）

1）单击基板-贴装（Board-Mount）菜单，弹出贴装信息，如图 4-36 所示。

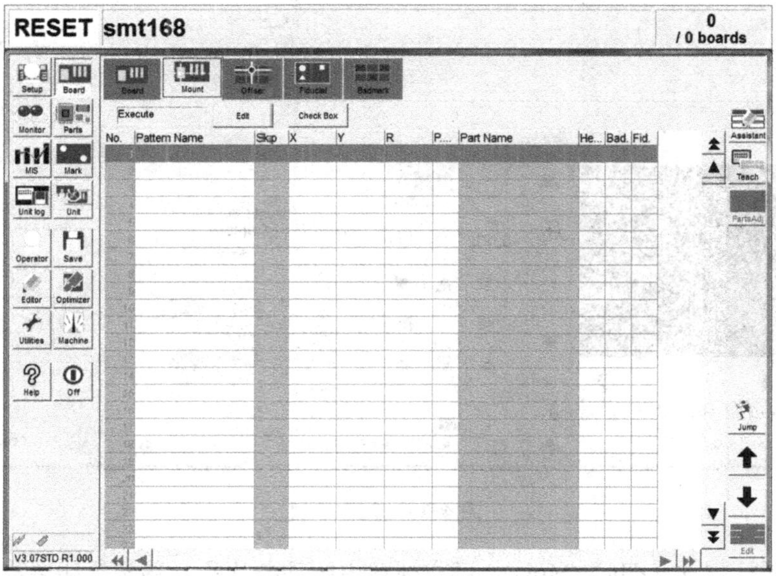

图 4-36　编辑贴装信息

2）单击 NO.1 栏，在丝印名称（Pattern Name）下输入印刷在 PCB 上的丝印名称（例如
R1、C1、U1 等），如图 4-37 所示。

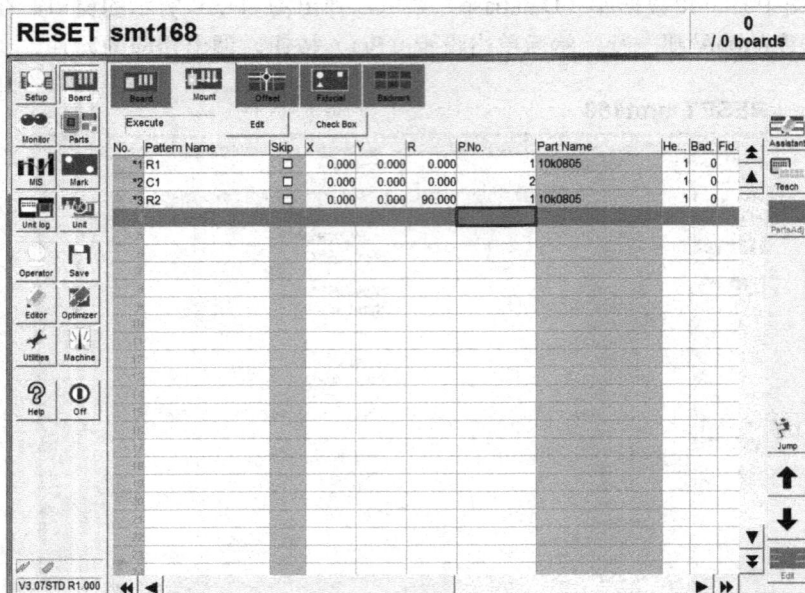

图 4-37　输入丝印名称

3）单击图标示教（Teach）菜单，进入示教对话框，如图 4-38 所示。

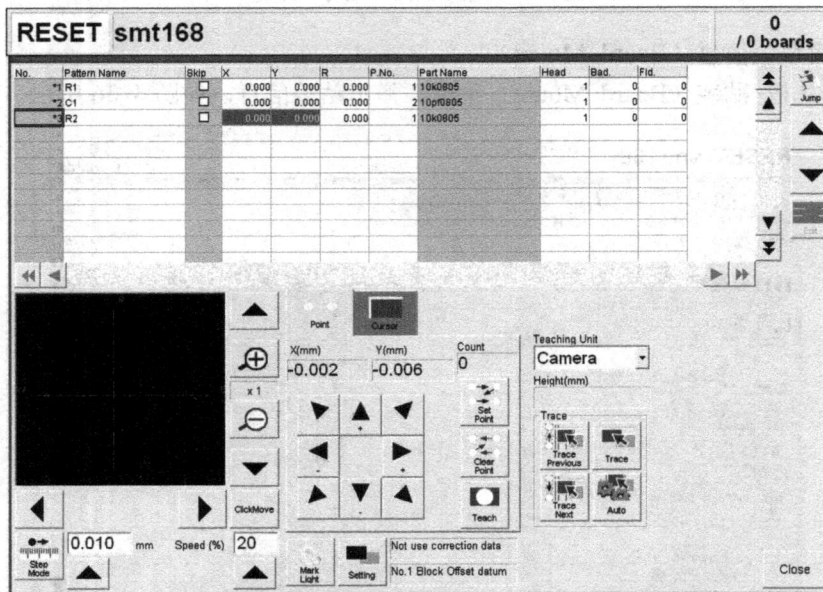

图 4-38　元件示教

4）单击图标移动（Click Move）可在视窗内移动贴片头，移到丝印名称相应的焊盘中
心位置，单击示教（Teach）记录坐标。

5）在 R 项内填入相应的角度（依据焊盘丝印方向和元件供料方向来设定，"逆正顺负"）。

6）在 P.NO 项下输入贴装元件的元件号码（元件信息的数据），如图 4-39 所示。

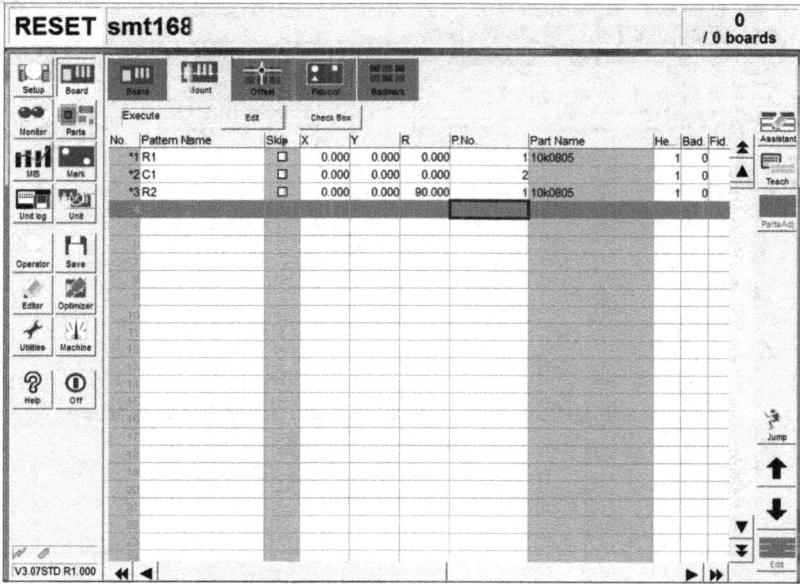

图 4-39　元件信息数据

（3）保存程序

单击主界面的保存（Save）图标，弹出保存对话框，在保存对话框中单击保存（Save）保存程序，如图 4-40 所示。

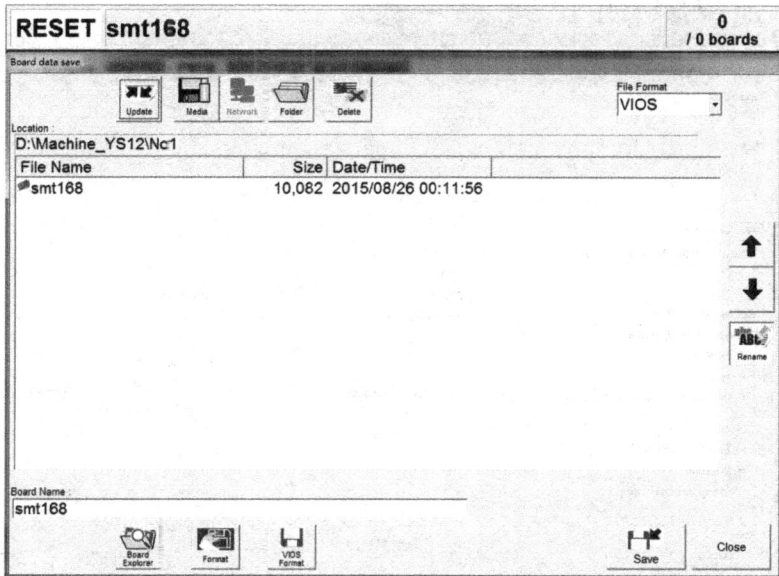

图 4-40　保存元件信息数据

（4）优化程序（Optimizer）（单机版本不能实现优化，只有在贴片机上才能优化）

1）单击主界面图标优化（Optimizer）菜单，弹出优化对话框，如图 4-41 所示。

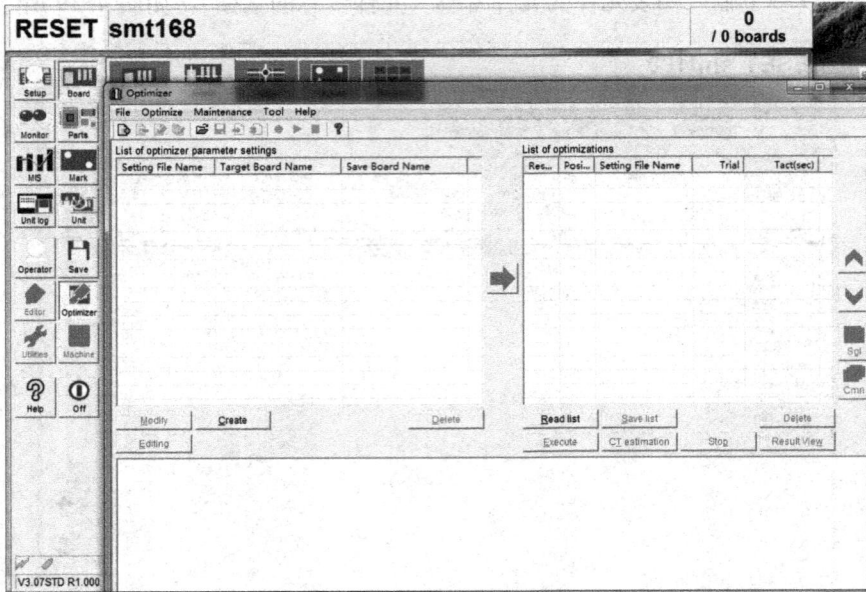

图 4-41 对 PCB 贴片进行优化

2）单击新建（New PCB）菜单，弹出优化（Optimizer）设置对话框，如图 4-42 所示。

3）单击创建设置（Creating Setting）图标，弹出对话框如图 4-43 所示。

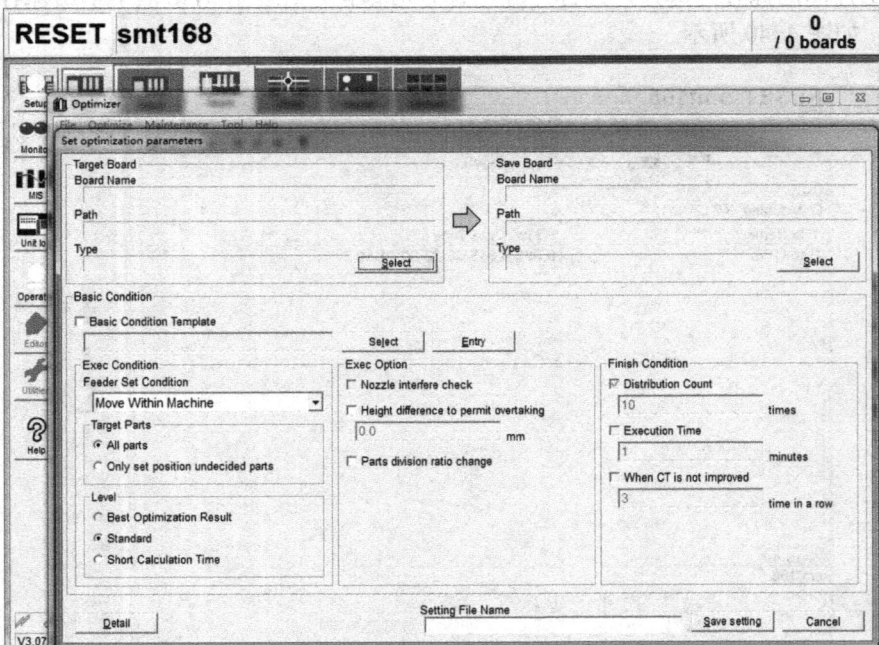

图 4-42 对 PCB 贴片优化选择

4）单击 Select 弹出对话框，选择要优化的文件，单击中部的蓝色按钮即将要优化的程序调入，再单击执行最优化（Execute）按钮即可完成优化，如图 4-43 所示。

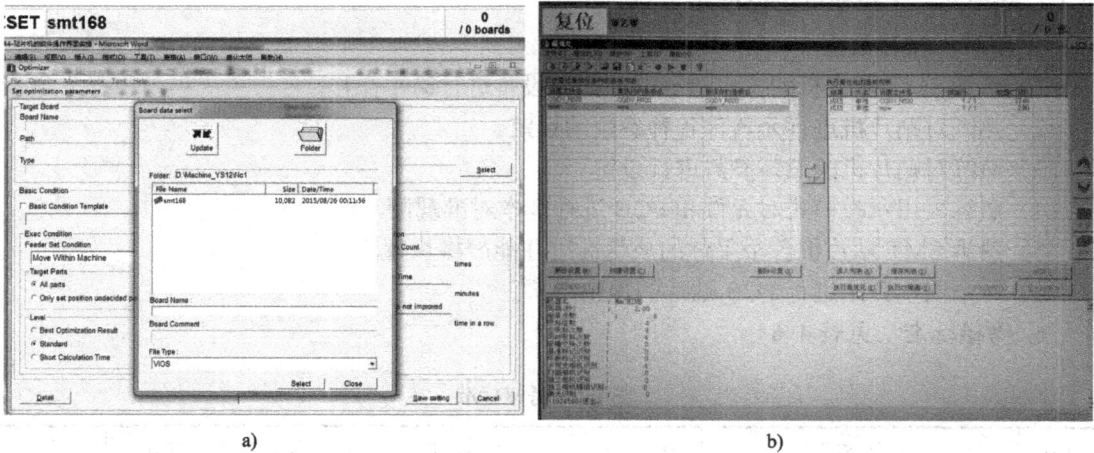

图 4-43 优化选择及结果

a) 选择待优化的文件 b) 优化之后的贴装参数

（5）调用程序、上料、再生产（离线软件上面不能实现，要在贴片机上进行操作）

1）单击主界面右上角的基板-打开基板（Board-Board）图标菜单，弹出对话框，如图 4-44 所示。

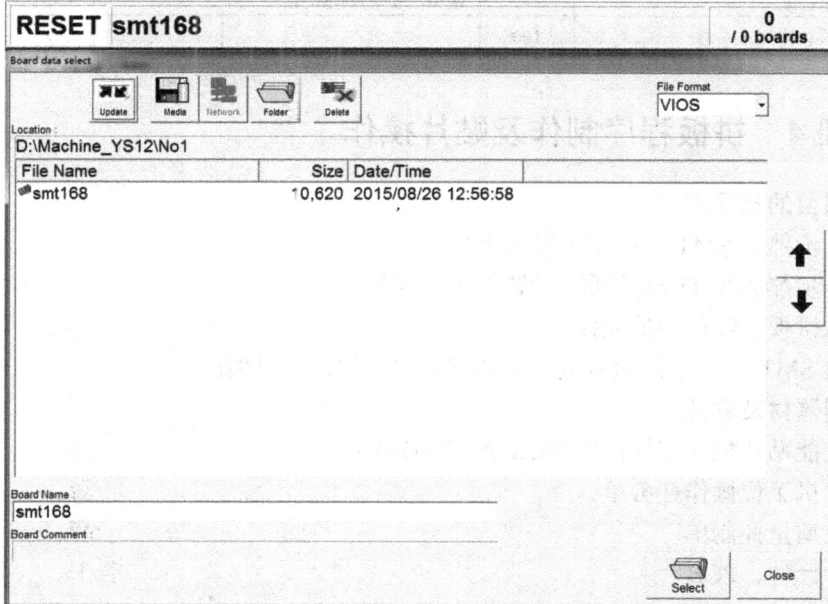

图 4-44 选择进行生产

2）在基板名称（File Name）下选择要生产的程序，再单击 Select 就可调出程序。

3）单击主界面中的送料器列表（Require Parts）菜单，弹出装料对话框。

4）依据贴片机上的占位表将相应的元件装入相应的占位。

5）装好物料后关好安全盖，待物料再次确认后，按机器控面板上的 START 按钮，机器进入自动生产状态后即可放板生产。

5. 实训结果及数据

1）熟悉 SMT 贴片机的操作指导书并能对设备进行简单操作。

2）熟练对贴片机进行元器件各种参数的设定。

3）熟练对贴片机的贴装参数进行设定。

4）熟练采用示教模式对元件和 PCB 进行基本对准观测。

5）熟悉 SMT 贴片机各个工位的质量标准并能严格执行。

6）每个同学开始进行 PCB 贴片的预生产。

6. 考核标准（见表 4-6）

表 4-6 考核标准

序号	考核内容	配分	评分标准	考核记录	扣分	得分
1	熟练对贴片机进行元器件各种参数的设定	20	熟悉元件参数及设置方法			
2	熟练对贴片机的贴装参数进行设定	20	熟练设置贴装参数			
3	熟练采用示教模式对元件和 PCB 进行基本对准观测	20	熟练使用摄像头进行观测			
4	能正确开动贴片机进行预生产	20	正确开机设置，成功预生产			
5	熟悉 SMT 贴片工位的质量标准和安全标准	20	对 SMT 质量标准有基本认识，安全意识增强			
6	分数总计	100				

4.6 实训 4 拼板程序制作及贴片操作

1. 实训目的及要求

1）进一步熟悉 SMT 生产整个准备流程。

2）进一步熟悉 SMT 贴片所需设置的各项参数。

3）熟悉拼板在线程序的制作。

4）养成 SMT 生产过程的质量控制和安全生产的良好习惯。

2. 实训器材及软件

1）多功能贴片机（型号：YAMAHA YG12F）　　　　　一套。

2）贴片机工位操作任务单　　　　　　　　　　　　　一套。

3）工位质量控制单　　　　　　　　　　　　　　　　一套。

4）贴片元件、PCB　　　　　　　　　　　　　　　　若干。

3. 相关知识点

SMT 贴片元器件具有多种封装形式，对应不同封装，贴片机可设置不同的吸附和贴放方式，并能根据输入的不同形状进行识别。针对贴片电阻电容、IC 等不同元件的送料器，还可选择不同的 Feeder 或托盘。

单击主界面图标 Parts（元件）进入菜单，见实训 3 图 4-34。右下角菜单放大如图 4-45 所示，包含有基本（Basic）、吸附（Pick）、贴放（Mount）、识别（Vision）、形状（Shape）、托盘（tray）和选项（Option）等参数设置。

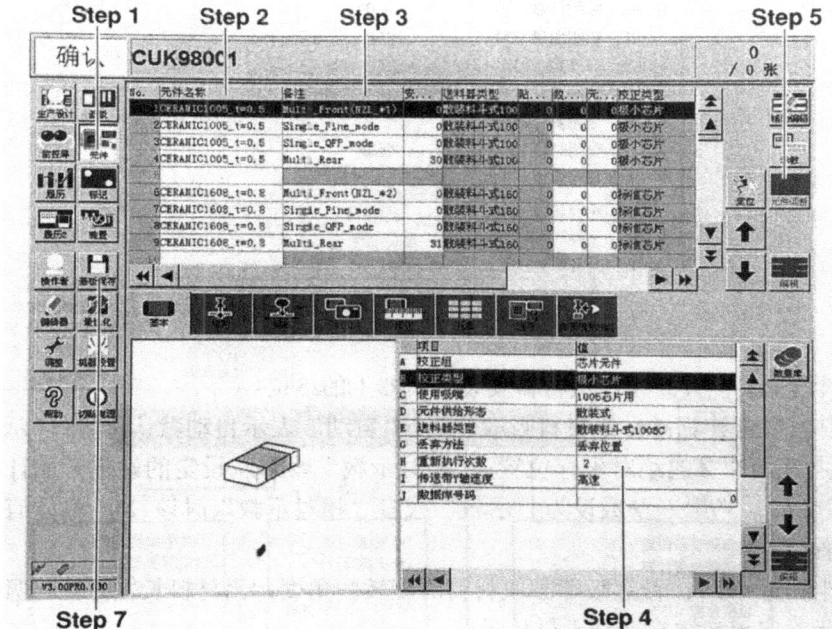

图 4-45　元器件贴片基本设置

（1）元器件贴片基本（Basic）设置

A　校正组（Alignment Group）：机器将材料粗分为"芯片元件、球引脚元件、IC 元件"等若干大的组别，根据不同的材料选择其归属的组别。

B　校正类型（Alignment Type）：机器在将材料粗分为上述几个组别后，对于每一组别的元件又根据不同的外形细分为若干个小的类别，同样根据不同的材料选择其归属的类别。

C　使用吸嘴（Required Nozzle）：用于吸取和贴装选择该材料的吸嘴类型。

D　元件供给形态（Package）：定义该材料的包装类型，分别为带式、杆式、散装式和托盘式。

E　送料器类型（Feeder Type）：设定适合安装该材料的 Feeder 类型，根据具体的宽度和 Pitch 值选定。

G　丢弃方法（Dump Way）：选择不良材料被抛掉时的抛弃位置，丢弃位置表示散料盒；"废弃站"表示抛弃 IC 用的皮带是抛料带；"特殊返还处理"表示抛到原来的吸取位置，只有托盘料才可以选择"特殊返还处理"。

H　重新执行次数（Retry Time）：表示当某一材料不良抛掉时允许连续抛料的次数，"立即停止"表示不允许自动重复抛料，只要有一个材料不良机器就报警。

（2）元件（Pick）参数设置（见图 4-46）

A	送料器安装位置	115
B	送料器位置计算	示教
C	X (mm)	381.708
D	Y (mm)	292.584
E	吸料角度 (度)	0
F	吸料高度 (mm)	-3.5
G	吸附计时 (秒)	0.00
H	吸附速度 (%)	100
I	XY速度 (%)	100
J	吸附·贴放真空传感器检:	特殊检查
K	吸附真空压 (%)	20
L	吸附时机	普通
M	吸附动作	QFP类型
N	轴停止	普通
O	下降	普通
P	上升	普通

图 4-46　元件（Pick）参数设置菜单

A　送料器安装位置：设定该材料安装到机器上的站位。

B　送料器位置计算：设定材料吸取位置，“自动”表示自动默认位置；“示教”表示从机器机械原点开始计算的绝对坐标位置；“相对示教”表示从设定的站位开始计算的相对坐标。X、Y（mm）：当上一参数设为“示教”或者“相对示教”时该 X、Y 才有效，表示具体的吸料位置。

E　吸料角度（度）：设定吸嘴吸取材料时旋转的角度，当材料长轴方向与吸嘴长轴方向不同时，适当设定该参数将有利于材料吸取。

F　吸料高度（mm）：设定吸嘴吸取材料时的高度补偿，正值表示向下压，负值表示向上提高。

I　XY 速度（%）：机器 Head 沿 XY 方向移动的速度，分为 10 个级别。

J　吸附、贴装真空传感器检查：通过真空大小检测来控制材料吸取和贴装的状态。“普通检查”表示在对材料吸取和贴装时通过真空大小来控制 HEAD 动作；“特殊检查”表示除了上述功能以外，机器还通过真空大小检测来判断材料是否被机器正确吸附，如果真空过小，则认为没有正确吸附，会做抛料动作。

K　吸附真空压（%）：机器吸取材料时当真空增大到设定的值后，才认为材料已经吸取到，然后吸嘴才从材料表面抬起，该值大小会直接影响到材料的吸取速度.X%表示的设定值为：Vacuum＝Low Level+（Height Level－Low Level）*X%。

L　吸附时机：有“普通”和“下降端”两个选项.“普通”表示 Head 在下降到材料表面以前提前开始产生真空“下降端”表示 Head 下降到材料表面以后机器才开始产生真空吸取材料，“下降端”有助于减少某些材料吸取时侧翻的现象.通常设为“普通”。

M　吸附动作：吸取动作模式可设定为“普通”“QFP 类型”“FINE 类型”“详细设置”等。详细设置：即为细化模式，机器可以将 Head 吸取动作细分为“Head 下降、Head 提升”等小的阶段，而且每个阶段的动作方式可以分别设定。

（3）Mount 参数设置

Mount 参数设置如图 4-47 所示。

	项目	值
A	贴放高度（mm）	0.3
B	贴放计时（秒）	0.00
C	贴放速度（%）	100
D	XY速度（%）	100
E	吸附・贴放真空传感器检	特殊检查
F	贴放真空压（%）	60
G	贴放动作	QFP类型
H	轴停止	普通
I	下降	普通
J	上升	普通

图 4-47　Mount 参数设置菜单

A　贴装高度（mm）：贴装材料时 Head 高度的补偿值，正数表示默认贴装高度开始向下压低的高度，负数表示从默认贴装高度开始向上提高的高度。

B　贴放计时（秒）：材料贴装到 PCB 上后吸嘴抬起前的延时，适当设定延时有利于材料贴装的稳定性。

C　贴放速度（%）：吸嘴贴装材料的速读，共有 10%～100%10 个不同的速度等级。

D　XY 速度、吸附、贴装真空传感器检查：其意义和上述 Pick 参数中讲述的相同，这里不再赘述。

F　贴放真空压（%）：机器贴装材料时当真空减小到设定的值后，才认为材料已经贴好，然后吸嘴才从材料表面抬起。

（4）识别（Vision）参数设置

识别（Vision）参数设置如图 4-48 所示。

	项目	值
A	识别装置 透过	☑
B	识别装置 反射	☑
D	照明设置 主	☑
E	照明设置 同轴	☑
F	照明设置 侧面	☐
H	元件照明级别	5 / 8
I	自动决定界限值	不使用
J	元件界限值	45
K	公差	20
L	引脚检出范围（mm）	2.500
N	形状基准角度（度）	普通
O	元件识别亮度	0
P	MultiMACS	☐

图 4-48　Vision 参数设置菜单

A　识别装置 透过：背光识别模式，即透射识别模式,该识别模式需要另外安装专用配件才有效，通常情况下不能使用。

B　识别装置 反射：前光识别模式，即照相机通过反射模式识别材料，机器通常使用该模式工作。

D　照明设置 主：相机识别材料时打开或关闭主光光源。

E 照明设置 同轴：相机识别材料时打开或关闭同轴光光源。

F 照明设置 侧面：相机识别材料时打开或关闭侧光光源。

H 元件照明级别：照相机灯光的强度，有 8 个强度等级。

I 自动决定界限值：是否通过自动方式设定界限值，当选择了"使用"则不能手动更改上述参数，只能通过机器自动设定，进行最优化调整时机器可以自动设定该参数，选择"不使用"则可以手动更改。

J 元件界限值：计算机语言通过灰阶值来描述一个黑白像素的色度，0 代表最黑，255 代表最白。机器识别元件时，对于某一个像素如果灰阶小于该值就以黑色处理计算，反之大于该设定值则判断为白色。

K 公差：机器识别元件时允许的误差范围。

L 引脚检出范围（mm）：机器识别元件时的搜索范围。

N 形状基准角度（度）：通常情况下机器对方向的规定是"上北、下南、左西、右东"更改这个参数可以改变机器对方向的规定，如设为 180 度，则变为"上南、下北、左东、右西"。

O 元件识别亮度：规定元件的最小亮度，如设为 30，当某个元件识别时平均亮度小于 30 则机器会以不良材料处理将其抛掉，适当设定该参数会一定程度上避免产品"漏件"。

P MultiMACS：机器用来进一步补偿 Ball Screw 加工误差的装置，分别安装在机器 Head 的左右两边。

（5）形状（Shape）参数设置

设置菜单如图 4-49 所示。

A 外形尺寸 X、Y、Z（mm）：分别设定元件的长、宽、厚等参数。

D 检出线位置：机器识别元件时的标尺线的位置，该值越大 则测定位置越靠近元件内侧，如图 4-50 "D" 所示。

项目	值
校正组	IC元件
校正类型	QFP
算法	普通
A 外形尺寸 X（mm）	12.200
B 外形尺寸 Y（mm）	12.200
C 外形尺寸 元件厚度（mm）	2.200
D 检出线位置	4
E 检出线宽度	3
F 引脚根数 N	11
G 引脚根数 E	11
H 引脚间距（mm）	0.800
I 引脚宽度（mm）	0.370
J 反射引脚长（mm）	1.400
K BumperMask（mm）	0.00

图 4-49 形状（Shape）参数设置菜单 　　　　图 4-50 检测线位置和检出线宽度

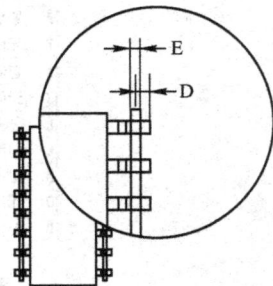

E 检出线宽度：机器识别元件时的标尺线的宽度，如图 4-50 "E" 所示。

F 引脚根数 N：元件单侧的引脚数量。

H 引脚间距（mm）：元件相邻两引脚之间的间距。

I 引脚宽度（mm）：元件的引脚宽度。

J 反射引脚长（mm）：元件引脚可反光的部分的长度。

（6）托盘（tray）参数设置

托盘（tray）参数设置如图 4-51 所示，图 4-52 为托盘示意图。

项目	值
元件供给形态	托盘式
送料器类型	固定托盘式送料器
A 元件个数 X	20
B 元件个数 Y	8
C 元件间距 X（mm）	15.245
D 元件间距 Y（mm）	15.550
E 当前位置 X	1
F 当前位置 Y	1
G 托盘数量 X	1
H 托盘数量 Y	1
I 托盘间距 X（mm）	235.000
J 托盘间距 Y（mm）	180.000
K 托盘当前位置 X	1
L 托盘当前位置 Y	1
M 托盘厚度（mm）	3.5
N 送料器占用位数 左侧	1
O 送料器占用位数 右侧	1
P 计数结束时停止	不执行

图 4-51　托盘（tray）参数设置菜单　　　　图 4-52　元件托盘示意图

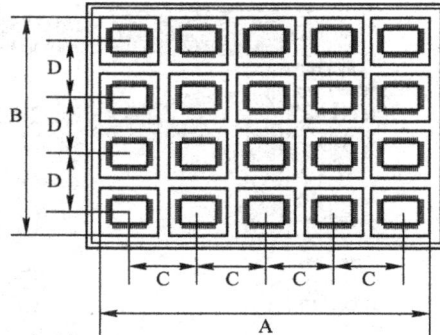

A　元件个数 X：同一个托盘中沿 X 方向元件的个数。

B　元件个数 Y：同一个托盘中沿 Y 方向元件的个数。

C　元件间距 X（mm）：沿 X 方向相邻两个元件之间的间距。

D　元件间距 Y（mm）：沿 Y 方向相邻两个元件之间的间距。

E　当前位置 X：当前吸取的元件在料盘中沿 X 方向的位置，其数值用材料个数表示。

F　当前位置 Y：当前吸取的元件在料盘中沿 Y 方向的位置，其数值用材料个数表示。

G　托盘数量 X：在托盘支架上沿 X 方向的料盘的个数。

H　托盘数量 Y：在托盘支架上沿 Y 方向的料盘的个数。

I　托盘间距 X（mm）：在托盘支架上沿 X 方向相邻两个料盘之间的间距。

J　托盘间距 Y（mm）：在托盘支架上沿 Y 方向相邻两个料盘之间的间距。

K　托盘当前位置 X：当前使用的料盘沿 X 方向的位置。

L　托盘当前位置 Y：当前使用的料盘沿 Y 方向的位置。

M　托盘厚度（mm）：设定吸取材料时 Head 下降高度的补偿值，如托盘厚度设为 1，则机器认为该托盘高出默认高度 1mm，吸取材料时 Head 就自动向上提高 1mm 的高度，设为负数则相反的吸嘴会向下多压 1mm。

N　送料器占用位数 左侧：从该 Tray 设定的站位开始向左方向有多少个站位不能在安装其他 Feeder，以便机器优化程序时自动保留空站位。

O　送料器占用位数 右侧：从该 Tray 设定的站位开始向右方向有多少个站位不能在安装其他 Feeder，以便机器优化程序时自动保留空站位。

P　计数结束时停机：设定料盘里的元件使用完毕后是否停机报警，"无"表示不停机，直接从第一个位置重新开始，"有"表示停机并报警。

4. 实训内容及步骤

1）同学们按照实训 3 的步骤依次完成：创建基板程序名（Set up-Create）；编辑基板信

息；手动固定基板装置。

2）编辑基板位移原点 Board-Offset 和拼板原点。

① 单击基板-位移原点（Board-Offset）图标如图 4-53 所示，设定基块原点（Board Offset）。

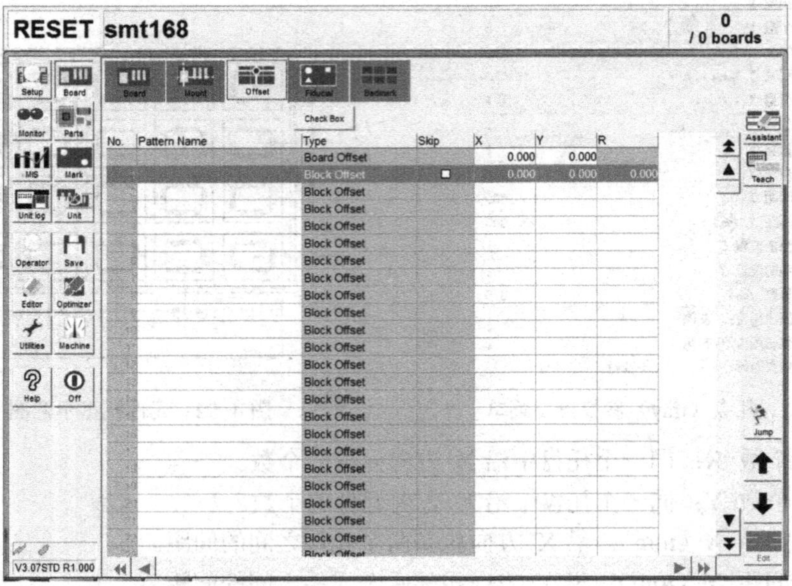

图 4-53　设定大块原点

② 单击图标示教（Teach）菜单进入示教窗口，如图 4-54 所示，单击方向键将贴片头移动到需要编辑的 PCB 原点位置，然后单击图中的示教（Teach）把当前的位置记录下来。

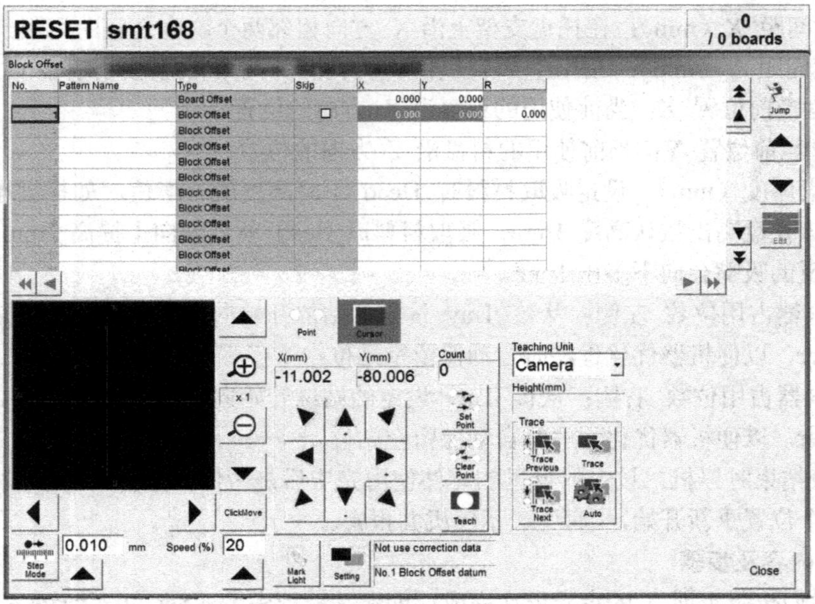

图 4-54　记录当前原点位置

提示：

a. 原点一般设定在基板的左下角，可以是圆的切线，也可以是焊盘的切线。

b. 如果是拼板，用上述同样的步骤将每一小块的原点坐标记录在拼块原点（Block Offset）一行上，且其他小板原点的位置一定要与第一小块的原点位置相同，如果有工艺边则大块原点要设定在第一小块基板上。

3）编辑拼板原点。

单击拼块位移（Block Offset）图标如图 4-55 所示，设定拼块位移原点（Block Offset）。

注意：

a. 有多少个拼板就需要设置多少个拼板原点，每一个拼板原点最好设置在相同位置。

b. 拼板原点与大板原点也最好设置在相同位置处。

c. 拼板之间注意拼接角度。

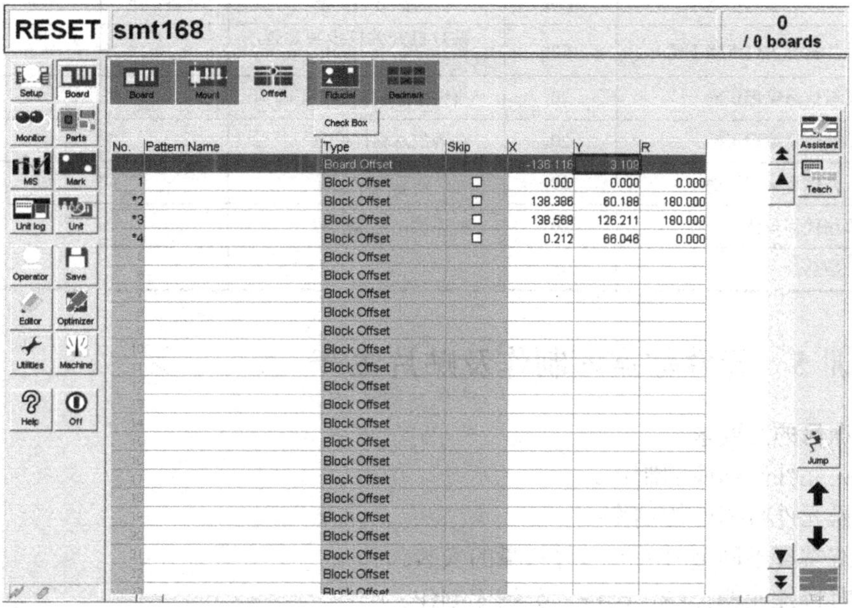

图 4-55 设定拼块原点

4）接下来按照实训 3 的试验步骤，继续完成编辑基板基准标记（Board-Fiducial）；编辑标记点信息（Mark）；编辑元件信息（Parts）；编辑贴装信息（Board-Mount）；保存程序；优化程序（Optimizer）；调用程序、上料、再生产。

注意：

a. 注意贴片机的开关机顺序，严禁不按照顺序进行开关机。

b. 使用机器时，严禁将身体的任何部位进入贴片机移动范围内，否则可能会有一段的危险性。

c. 若要在机器内部进行必要操作，请揭开安全盖操作。

d. 或发生紧急情况需要停机，请按下紧急按钮。若要再恢复使用，请先解除紧急停机按钮。

5. 实训结果及数据

1）熟悉 SMT 贴片机的操作指导书并能对设备进行简单操作。

2）熟练对贴片机进行元器件各种参数的设定。

3）熟练对贴片机的贴装参数进行设定。

4）熟练采用示教模式对元件和拼装 PCB 进行基本对准观测。

5）熟悉 SMT 贴片机各个工位的质量标准并能严格执行。

6）每个同学开始进行 PCB 贴片的预生产。

6. 考核标准（见表 4-7）

表 4-7　考核标准

序号	考核内容	配分	评分标准	考核记录	扣分	得分
1	贴片机开关机步骤正确	20	贴片机开关机步骤是否严格按照规程			
2	拼板信息编程正确	20	拼板信息编程是否正确			
3	贴装信息编程正确	20	贴装信息编程正确			
4	元件信息编程无误	20	元件信息编程无误			
5	程序优化得体	20	程序优化是否成功			
6	分数总计	100				

4.7　实训 5　元件数据库制作及贴片生产

1. 实训目的及要求

1）熟记元件数据库的制作。

2）实操元件数据库的制作。

3）熟练掌握不同型号的元器件料盘的安装。

4）针对特殊元器件能正确进行数据库制作。

2. 实训器材及软件

1）多功能贴片机（型号：YAMAHA　YG12F）　　　　　　　　一套。

2）贴片机工位操作任务单　　　　　　　　　　　　　　　　一套。

3）工位质量控制单　　　　　　　　　　　　　　　　　　　一套。

4）贴片元件、PCB　　　　　　　　　　　　　　　　　　　若干。

3. 相关知识点

SMT 贴片机元器件供给装置主要有带式送料器和盘式送料器。

（1）带式送料器准备

1）传送间距与动作的确认。

操作手动杆确认元件是否可以按适当的间距传送。盖带剥离杆如图 4-56 所示。

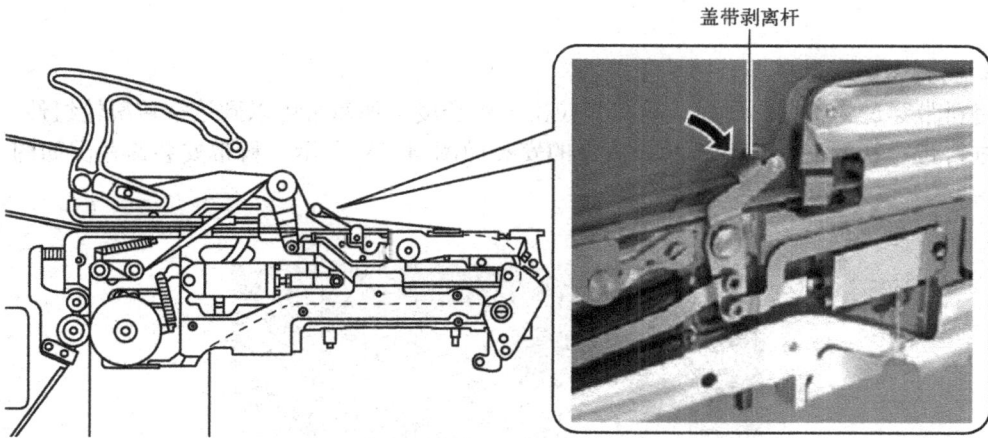

图 4-56　Feeder 的盖带剥离杆

2）料带的安装。

务必按照下列步骤将料带装入送料器。

a. 剥离盖带。

料带由装有电子元件的"基带"和覆盖在元件上面的"盖带"两层组成，先剥离"盖带"。

b. 拉出料带。

FS、FS2（7 英寸）时，将元件料带盘插入料带盘支架袋中后，拉出料带。FS2（15 英寸）时，将料带盘安装在料带盘轴后，用张紧杆压住。FT 时，松开料带盘挂钩，使其钩住料带盘中央的孔。

c. 提起锁定杆固定把手。

为提起料带导轨，必须先提起锁定杆固定把手，如图 4-57 所示。

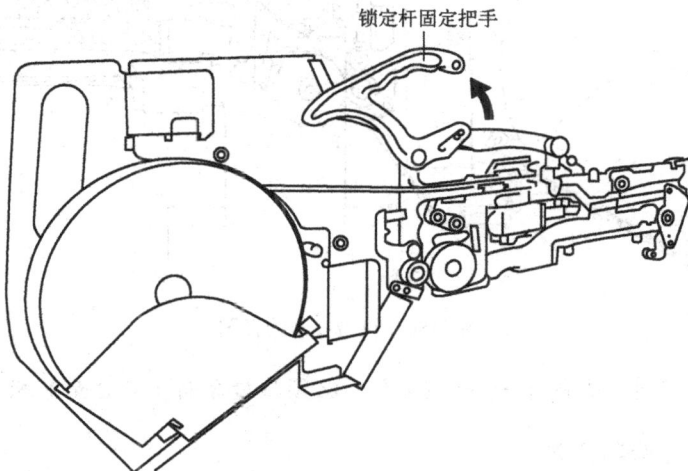

图 4-57　锁定杆固定把手

d. 提起料带导轨。

压下前侧压杆，提起料带导轨。

e. 将料带装入送料器。

将料带穿过料带槽。此时，将料带拉出一定长度，使盖带可以到达空转滚轮组件。将盖带穿过料带导轨的切口部后折回。盖带的安装如图 4-58 所示，料带安装路径图如图 4-59 所示。

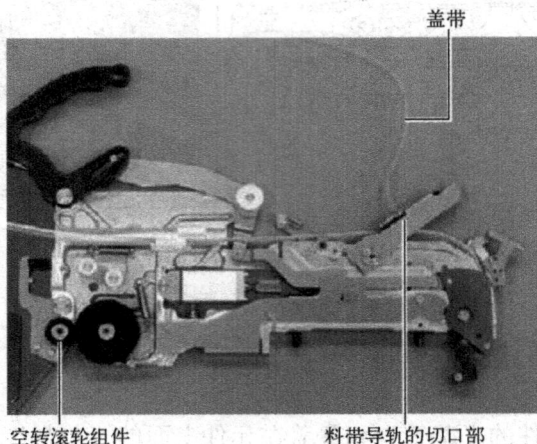

图 4-58　盖带的安装

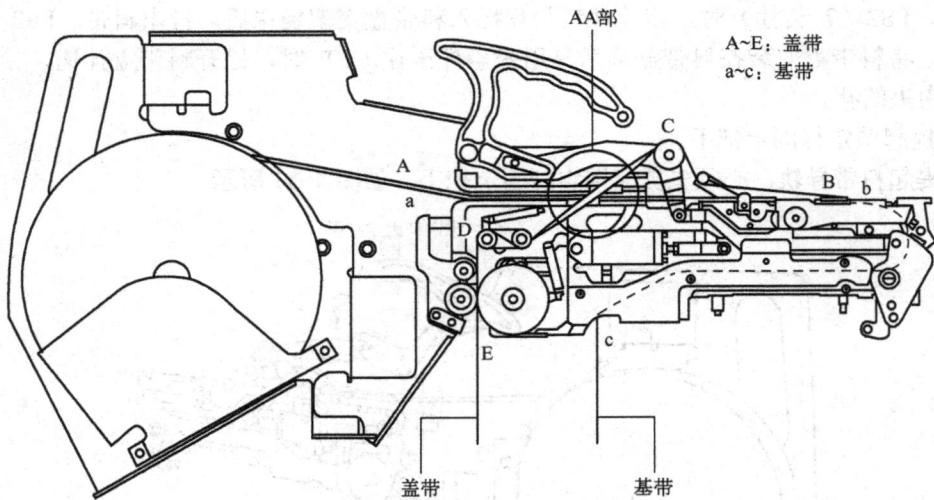

图 4-59　料带安装路径图

注意：穿绕盖带时，在图 4-59 的 AA 部，必须将接合面（粘贴面）朝向表面。

f. 将元件传送至吸附位置。

安装完料带后，按盖带剥离杆的弯折部，将元件传送至吸附位置。

（2）带式送料器安装至贴片机

以下介绍将带式送料器安装在贴片机上的步骤。

1）确认送料器安装位置。

按"生产设计"-"送料器列表"按钮，打开"送料器列表"界面确认送料器安装位置。

2）按紧急停机按钮。

按贴片机的紧急停机按钮，使贴片机停止运行。

注意：如不使贴片机停止运行就安装元件供给装置，有被卷入贴片机的危险。

3）清扫送料器架上的尘屑。

如夹入元件或尘屑，送料器会倾斜，从而导致吸附不稳定。

4）将送料器插入送料器架的定位孔。

在提起锁定杆固定把手的状态下，握住送料器的前端与把手，将送料器从正上方水平地安装在送料器架上。送料器架上设有插入送料器机体前侧定位销和后侧定位销的定位孔。务必将送料器完全插入定位孔。送料器机体的安装如图4-60所示。

图4-60 送料器机体的安装

注意：送料器架虽为12mm间距，但除FT以外的8mm送料器无法按12mm间距安装。

5）将料带盘装入料带支架。

料带支架袋可以装入1个料带盘。因此，如要紧密排列送料器不致有空隙时，必须使用上、下两层交错排列。料带盘的安装如图4-61所示。

6）向里侧按下锁定杆。

放下锁定杆固定把手，按下锁定杆，将送料器牢牢固定在送料器架上。如没有正确固定，在贴装或运行过程中可能会脱落。

（3）盘装元件的安装

使用料架时，务必遵守下列注意事项。

● 料架必须在干净的环境中保管，切勿黏附尘屑、脏污、油渍等。

● 切勿使料架跌落，也切勿过渡撞击或施加压力。因跌落等导致变形的料架，切勿使用。

● 料架的棱角部可能会造成受伤，使用时务必注意。

1）将托盘装入料架。

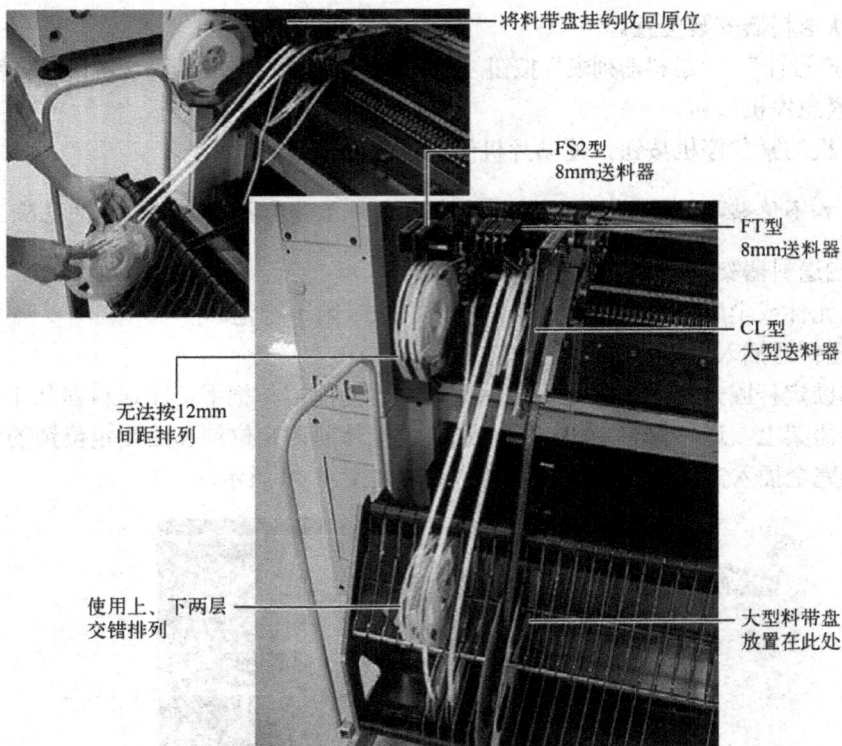

图 4-61　料带盘的安装

1 张料架上可以装入多张托盘。安装方法如图 4-62 所示。

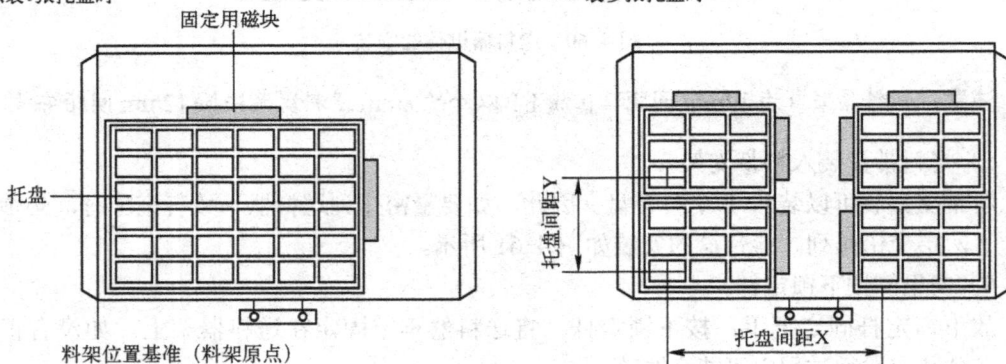

图 4-62　托盘的固定

a. 取出固定托盘用的磁块。

b. 将托盘装入料架。

将托盘角对准料架位置基准（料架原点）装入。托盘装好后用磁块压住固定。托盘的安装如图 4-63 所示。

c. 确认托盘的固定状态。

试按托盘部，确认托盘是否已由磁块固定牢固。

图 4-63　托盘的安装

2）将料架装入 ATS15。

a. 打开 ATS15 的柜门，将柜门开关旋至"OPEN"侧，解除柜门的锁定状态。确认柜门开关的指示器已熄灯后，打开柜门。

b. 打开右侧的料架挡板。

c. 插入料架，将料架的抽出部朝向里侧，水平插入正确的柜层，如图 4-64 所示。

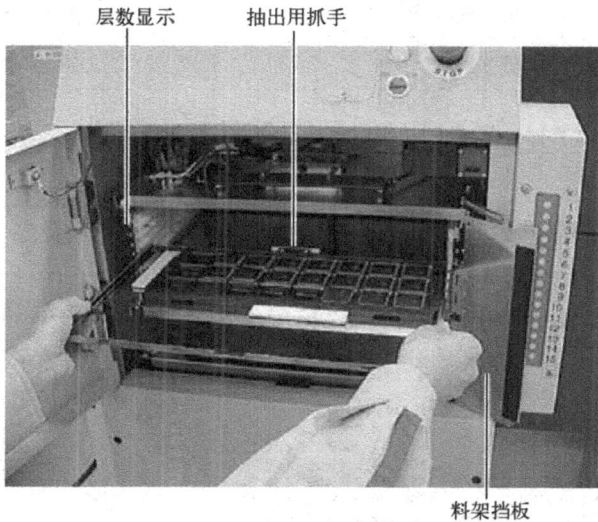

图 4-64　料架的插入

d. 将必要的料架全部插入正确的柜层。关闭料架挡板。关闭 ATS15 的柜门。将柜门开关旋至"CLOSE"侧。柜门被锁定，柜门开关的指示器亮灯，安装作业完成。

注意：
● 两侧贴有指示层数的标贴，标贴上有黑银两色印刷的号码，以防止插入料架时插错柜层。
● 将料架插入"元件"-"托盘"界面的"料架号码"参数栏所设置的柜层。

（4）贴片机侧的设置

将送料器安装在贴片机后，还需要进行贴片机侧的设置。首先进行元件供给形态和送料器类型的设置。

1）打开基板选择画面。

单击"生产设计"按钮打开生产设计界面，按"基板选择"按钮，如图 4-65 所示。

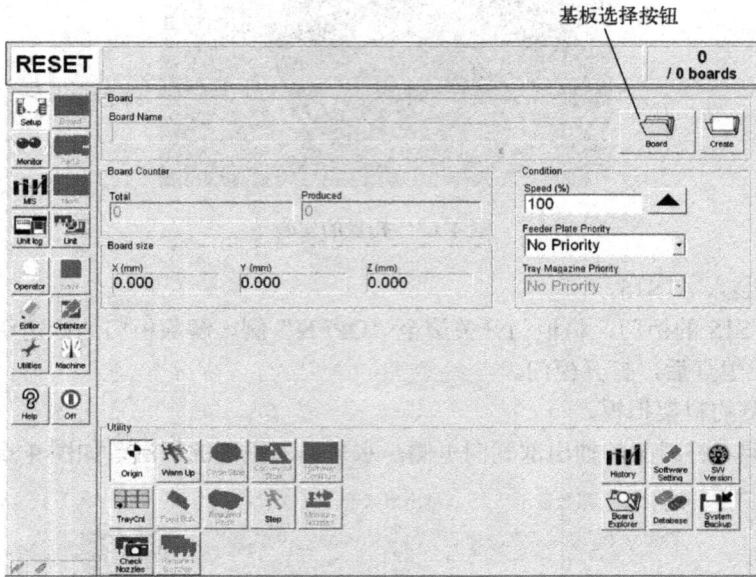

图 4-65　生产设计界面进行基板选择

2）选择基板。

从基板列表中选择相应基板，按"选择"按钮，如图 4-66 所示。

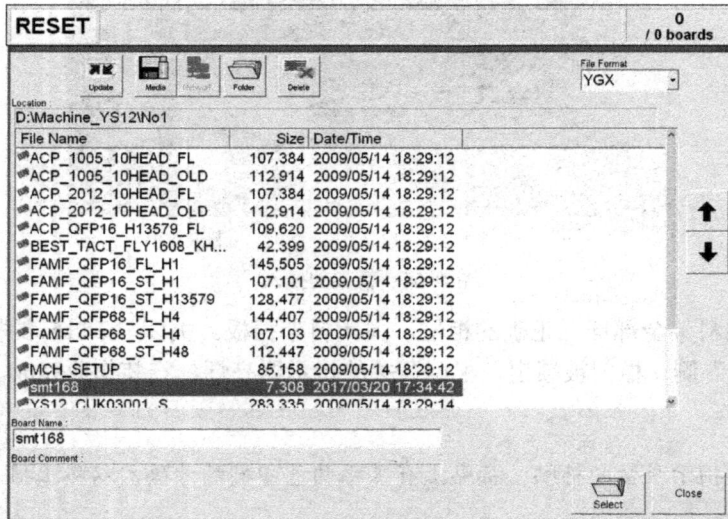

图 4-66　基板选择界面

3）打开元件数据画面，选择元件。

单击"元件"按钮打开元件数据画面，从界面上方的元件列表中选择相应元件。

4）设置"元件供给形态"。

选择"D 元件供给形态"后双击输入栏，从下拉框的"带式、托盘式"中选择要使用的元件供给形态，如图 4-67 所示。

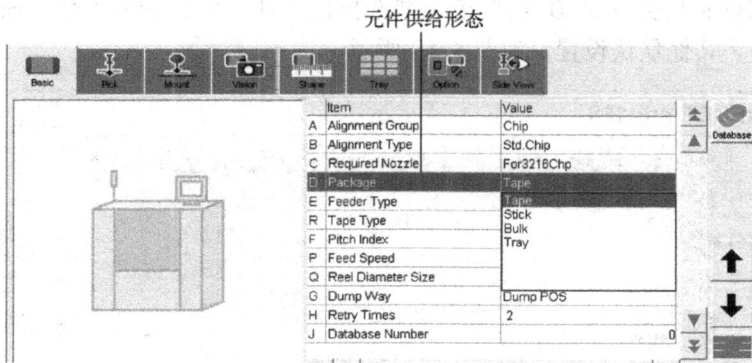

图4-67　选择元件供给形态

注意："D 元件供给形态"中的栏式、散装式，目前尚不能使用。

5）设置"送料器类型"。

要安装的是带式元件时选择"E 送料器类型"双击输入栏后，从下拉框中（8mm 带式、8mm1005、8mm0603、12mm 凸型载带、12mm 长间距、16mm 凸型载带）选择要使用的送料器类型。要安装的是盘装元件时，选择"自动托盘交换器"。

4. 实训内容及步骤

1）开启电源，贴片机暖机后自动进入主界面。

2）单击元件（Parts）图标，在元件名称（Parts Name) 栏里输入所编辑的元器件名称并回车，如图 4-68 所示。

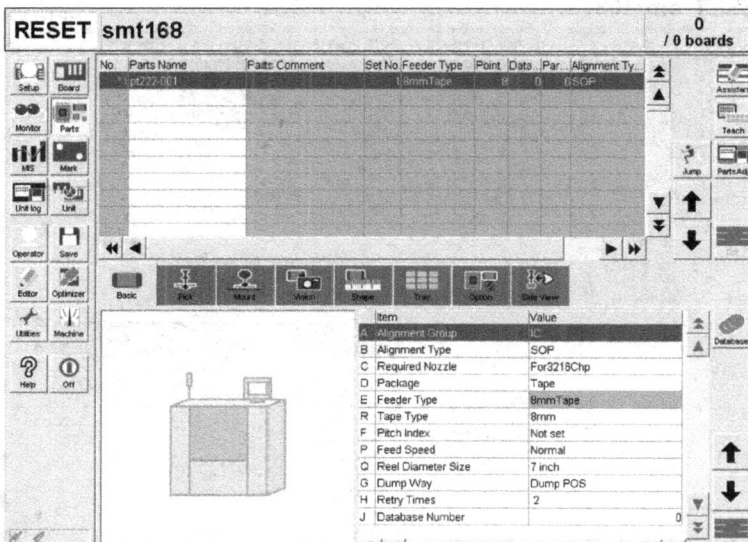

图4-68　编辑元件

3）元件基本信息设定。

① 在元件（Parts）子菜单基本（Basic）栏里的 A 项校正组选择该元件对应的类型，如 Chip、IC、Ball 等。

② 基本（Basic）栏里的 B 项校正类型选择该元件对应的具体类型，如 SOP、QFP、PLCC、BGA 等。其他默认设置，如图 4-69 所示。

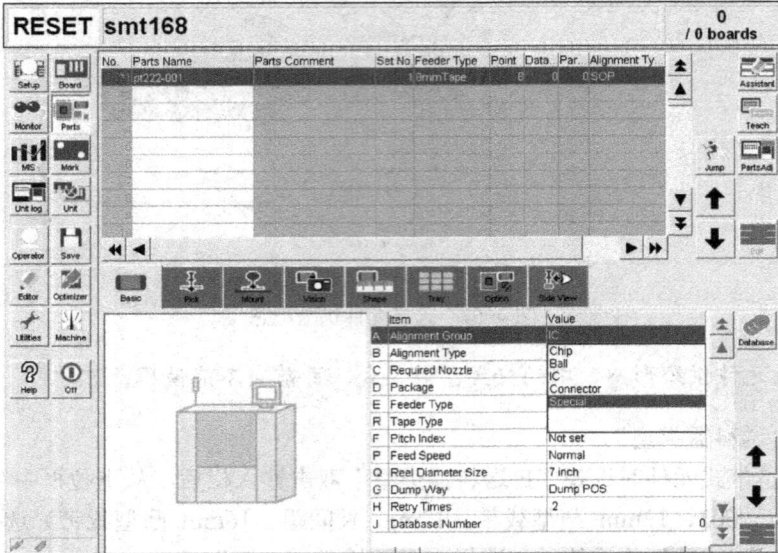

图 4-69　元件基本信息设定

③ 在吸料栏里的进行吸料相关参数的设置，如送料器安装位置、吸料时间、吸料速度和吸料真空比等参数。一般情况下采用默认参数即可，如图 4-70 所示。

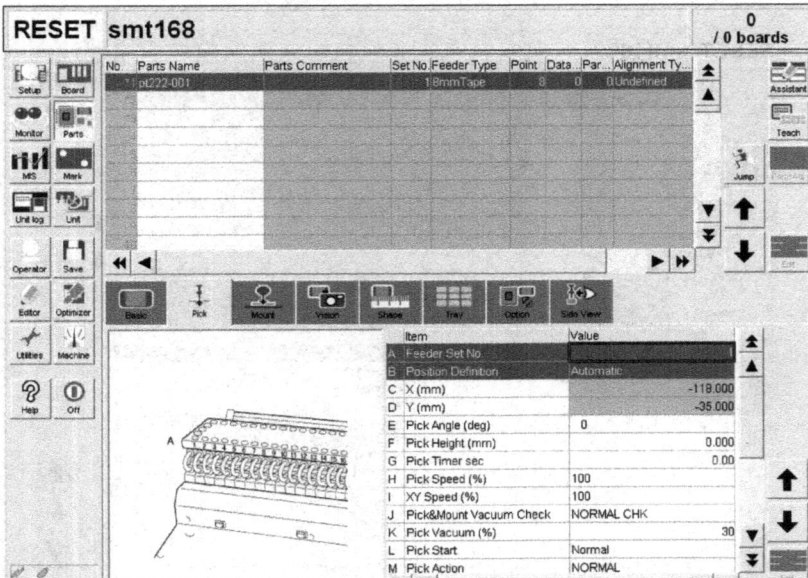

图 4-70　吸料相关参数的设置

④ 在贴料栏里的进行贴装参数设置，如贴料高度、贴料时间和贴料速度等参数。一般情况下采用默认参数设置即可，如图 4-71 所示。

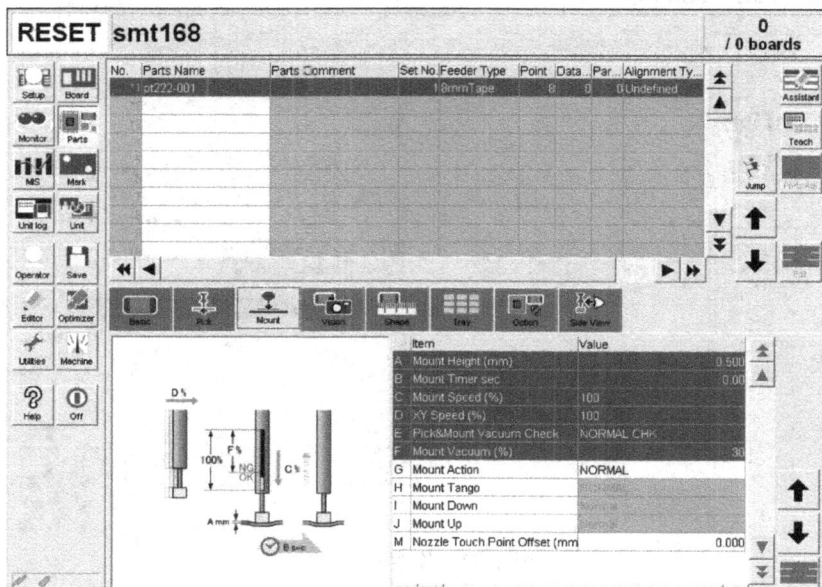

图 4-71　贴装参数设置

⑤ 在识别栏里进行元件识别的方式设置，采用默认设置即可，如图 4-72 所示。

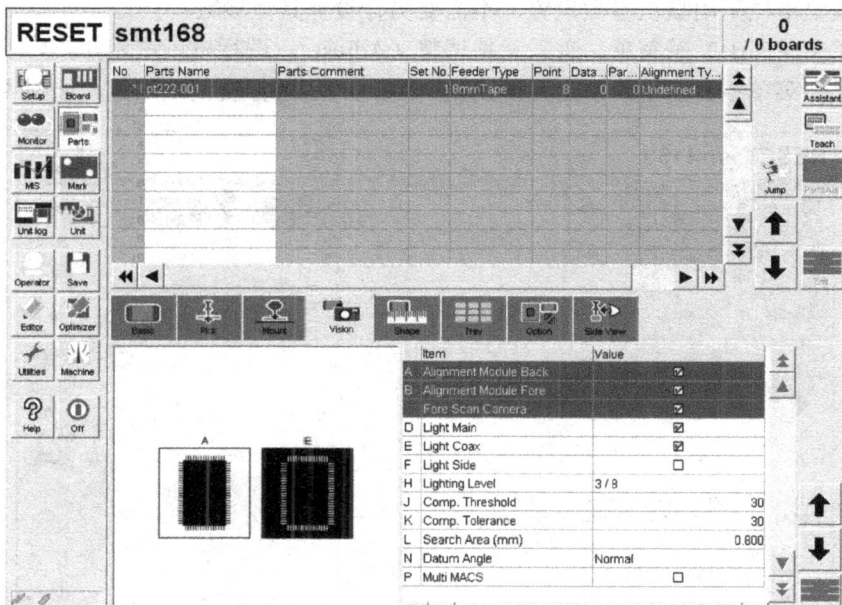

图 4-72　元件识别的方式设置

⑥ 在元件（Parts）子菜单形状（Shape）栏里的 A、B、C、F、G、H、I 项改元件宽、长、高、脚数、脚间距、脚宽、脚长。这些参数需设置准确，否则元件无法通过贴片机进行

正确的设置，如图4-73所示。

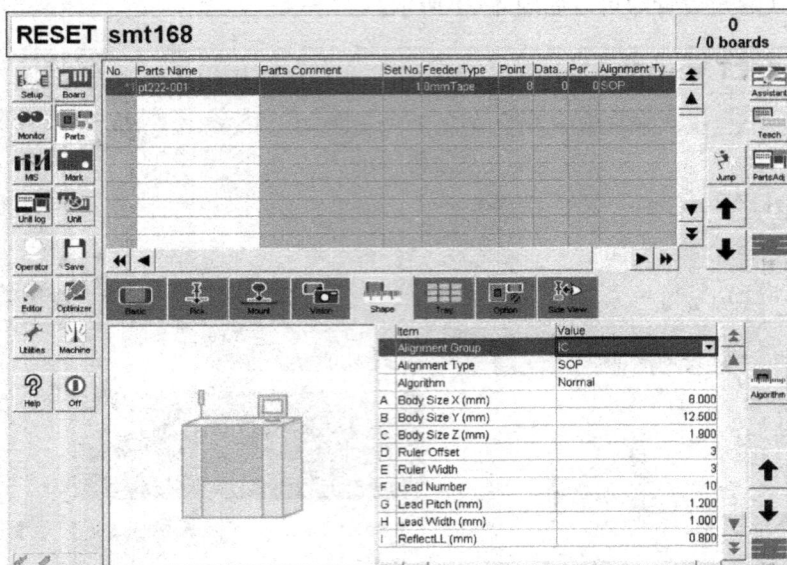

图4-73　修改元件参数

　⑦ 如果是托盘元件，在元件（Parts）子菜单托盘（Tray）中，托盘元件需要根据相应的包装方式进行设置。编带包装元件不进行特别设置。如果为托盘包装，则需设定具体的托盘参数。

　⑧ 选项菜单栏采用默认参数设置，不需要另行设置具体参数。

　4）在元件（Parts）子菜单，进入元件调整（Adjust），进行校正该元件。

　① 在元件菜单主界面中，单击元件调整（Adjust），进行校正该元件，如图4-74所示。

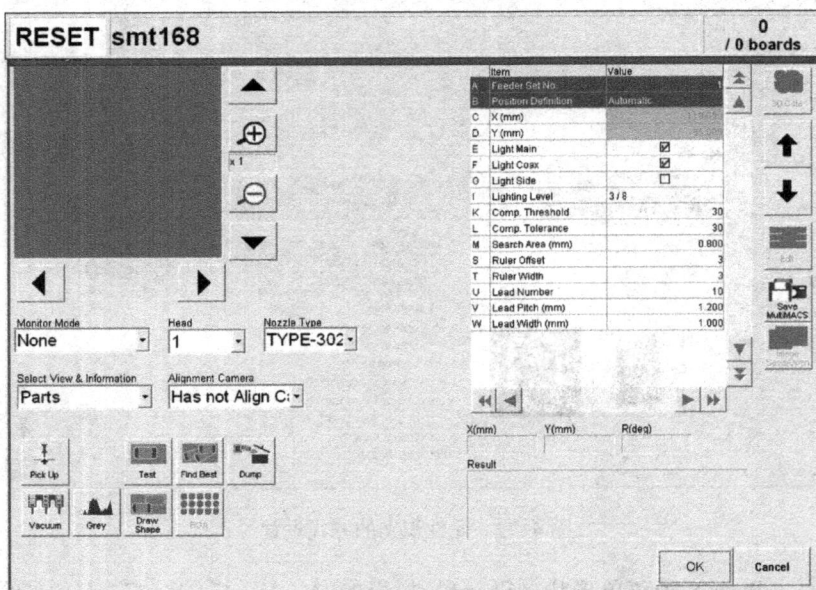

图4-74　校正元件

② 在元件调整（Adjust）子菜单中，单击显示定义形状（Draw Shape）对该元件绘画外形。

③ 如果该元件与图形完全重合，此时说明元件尺寸大小输入正确，这时在调整（Adjust）子菜单中，单击识别测试（Test）对元件测试。

④ 当测试成功之后再单击图中适当值（Find Best）优化适当灰度值，优化成功后机器会自动把灰度值记录上去。

⑤ 单击识别测试（Test）两次都成功，则元件调整完成，此时单击关闭退出元件调整。

5）在元件（Parts）子菜单中，单击基板（Basic）选项再单击数据库（Data Base）进入元件数据库。

① 在元件（Parts）子菜单中，单击基本选项再单击数据库（Data Base）进入元件库。

② 单击新建元件（New），数据库选择在1～499里面的一个空号码。

③ 输入要添加位置号码，单击"OK"会弹出报告，清除报告，元件编辑完成。

6）在设定好PCB各项参数和元器件参数后，调节好贴片机，准备好待产的PCB，将元器件装入对应送料器架上，在老师指导下反复进行编程调整，并逐步进行试生产，不断调整机器设备，待稳定且无明显缺陷后，才开始大批量生产。

注意： 将SMT安全操作、防静电操作、质量控制操作随时铭记在心。

5. 实训结果及数据

1）贴片机开关机步骤正确。

2）熟练制作元件各种信息。

3）将数据库编号设置在正确范围。

4）初步熟悉SMT各种工艺流程并进行简单操作。

5）熟悉SMT各个工位的质量标准并能严格执行。

6）贴片机识别元件并测试成功。

6. 考核标准（见表4-8）

表4-8　考核标准

序号	考 核 内 容	配分	评 分 标 准	考核记录	扣分	得分
1	贴片机开关机步骤正确	20	正确、安全开关机			
2	元件信息制作正确	20	正确制作不同元件			
3	数据库编号在正确范围	20	正确将不同元件编号			
4	元件测试成功	20	贴片机识别元件并测试成功			
5	贴片机开关机步骤正确	20	对安全生产有充分重视			
6	分数总计	100				

4.8　习题

1．简述贴片机的工作原理。
2．按照贴片的速度和功能，贴片机可分为哪几种类型？
3．贴片机的工作方式有哪些？
4．简述贴片工艺中常见的缺陷。
5．简述使用贴片机进行程序制作的步骤。
6．使用贴片机进行元件数据的制作需要测量元件的哪些形状参数？
7．请查阅相关资料，了解雅马哈、三星、富士等主流品牌贴片机的相关工作原理及参数。

第5章 回流焊接的原理与操作

学习内容

（1）SMT 回流焊接设备
（2）SMT 回流焊工艺和技术
（3）回流焊机的操作规范
（4）焊接质量缺陷的成因及对策

学习目标

回流焊接工艺是 SMT 生产线上保证产品质量的重要生产环节之一。学完本章，读者应能对 SMT 工艺技术的回流焊接工艺有一个概括性地了解，对 SMT 的回流焊接设备的工作原理、操作规范有一个概括性地了解。

回流焊接是一个复杂的系统工艺，影响焊接质量的因素很多且相互作用。学完本章后，读者应能分析回流焊接过程中常见质量缺陷的成因及解决办法。

5.1 回流焊概述

回流焊是 SMT 流程中非常关键的一环，其作用是将钎剂融化，使表面组装元器件与 PCB 牢固黏接在一起，如不能较好地对其进行控制，将对所生产产品的可靠性及使用寿命产生灾难性影响。回流焊的方式有很多，较早比较流行的方式有红外式及气相式，现在较多厂商采用的是热风式回流焊，还有部分先进的或特定场合使用的回流方式，如热型芯板、白光聚焦、垂直烘炉等。另一类是焊接设备——回流焊炉，已由最初的热板式加热发展为氮气热风红外式加热，不良焊点率已下降到百万分之十以下，几乎接近无缺陷焊接。

5.1.1 回流焊的原理

回流焊通过加热重新熔化预先分配到 PCB 焊盘上的膏状钎料，实现表面组装元器件焊端或引脚与 PCB 焊盘间电气与机械连接。

与传统钎剂焊接工艺比较，回流焊接具有以下一些特点和优点。

1）不像波峰焊那样，要把元器件直接浸渍在熔融的钎料中，所以元器件受到的热冲击小。但由于回流焊加热方法不同，有时会施加给器件较大的热应力。

2）只需要在焊盘上施加钎料，并能控制钎料的施加量，避免了虚焊、桥接等焊接缺陷的产生，因此焊接质量好，可靠性高。

3）有自定位效应，当元器件贴放位置有一定偏离时，由于熔融钎料表面张力作用，当其全部焊端或引脚与相应焊盘同时被润湿时，在表面张力作用下，自动被拉回到近似目标位置的现象。

4）钎料中不会混入不纯物，使用钎剂时，能确保钎料的组分。

5）可以采用局部加热热源，从而可在同一基板上，采用不同焊接工艺进行焊接。

6）工艺简单，修板的工作量极小。从而节省了人力、电力、材料。

5.1.2 回流焊的工作过程

回流焊的工作过程如图 5-1 所示。

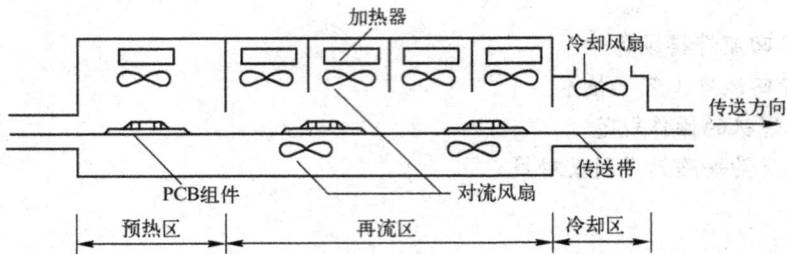

图 5-1 回流焊的工作过程示意图

电路板由入口进入回流焊炉膛，到出口传出完成焊接，整个回流焊过程一般需经过预热、保温干燥、回流、冷却四个阶段。要合理设置各温区的温度，使炉膛内的焊接对象在传输过程中所经历的温度按合理的曲线规律变化，这是保证回流焊质量的关键。

5.2 回流焊机

回流焊炉是用于全表面组装的焊接设备，典型的回流焊炉实物如图 5-2 所示。

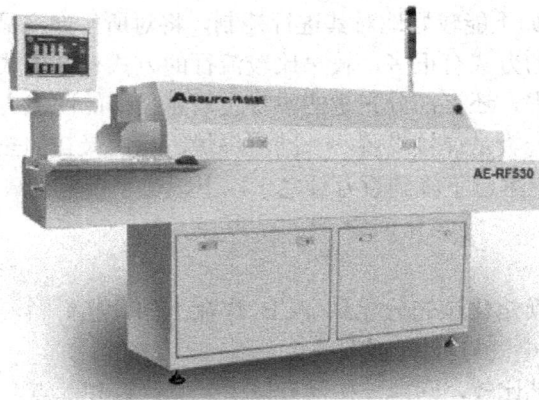

图 5-2 回流焊炉实物图

5.2.1 回流焊炉的组成

回流焊炉由 3 部分组成：第一部分为加热器部分，采用陶瓷板、铝板或不锈钢式红外加热器，有些制造厂家还在其表面涂有红外涂层，以增加红外发射能力；第二部分为传送部分，采用链条导轨，这是目前普遍采用的方法，链的宽度可实现机调或电调功能，PCB 放置在链条导轨上，能实现 SMA 的双面焊接；第三部分为温控部分，采用控温表或计算机来控制炉膛中温度。

5.2.2 回流焊炉的工作示意图

通常回流焊炉膛中有 5 块红外线加热板，分别构成了预热区、焊接区和冷却区 3 个区域，预热区的温度上升范围由室温到 150℃（PCB 上的温度），焊接区用于 PCB 的焊接，有加热和保温的作用，冷却区用于 SMA（表面安装组件）的降温。回流焊炉的工作示意图如图 5-3 所示。

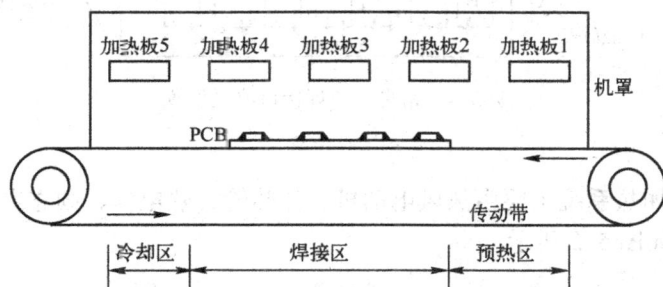

图 5-3　回流焊炉的工作示意图

5.2.3 回流焊机的分类

（1）气相焊接炉

采用气相导热原理进行钎剂焊接。

（2）热板传导式回流炉

它以热传导为原理，即热能从物体的高温区向低温区传递。

（3）红外辐射回流炉

它的设计原理是热能中通常有 80% 的能量是以电磁波的形式——红外线向外发射的。

（4）强制热风对流回流炉

现在所使用的大多数新式的回流焊接炉，叫作强制对流式热风回流焊炉。它通过内部的风扇，将热空气吹到装配板上或周围。这种炉的一个优点是可以对装配板逐渐一致地提供热量，不管零件的颜色和质地。由于不同的厚度和元件密度，热量的吸收可能不同，但强制对流式炉逐渐地供热，同 PCB 上的温差并没有太大的差别。另外，这种炉可以严格地控制给定温度曲线的最高温度和升温速率，其提供了更好的区到区的稳定性，和一个更受控的回流过程。

5.2.4 回流焊机的结构

回流焊机结构主体是一个热源受控的隧道式炉膛，沿传送系统的运动方向，设有若干独立控温的温区，通常设定为不同的温度，全热风对流回流焊炉一般采用上、下两层的双加热装置。电路板随传动机构直线匀速进入炉膛，顺序通过各个温区，完成焊点的焊接，主要构成：炉体、加热系统、传送系统、气动系统、冷却系统、氮气系统、钎剂回收系统、排气系统和控制系统等。加热温区为 3～10 个温区不等，温区数不同，设备长度不一，如图 5-4 所示。

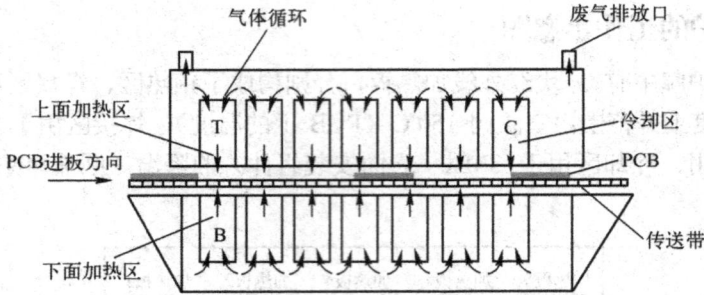

图 5-4 常见回流焊接机温区设置

（1）加热系统

热风回流焊机加热系统主要由热风电动机、加热管、热电偶、固态继电器 SSR 和温控模块等部分组成，如图 5-5 所示。

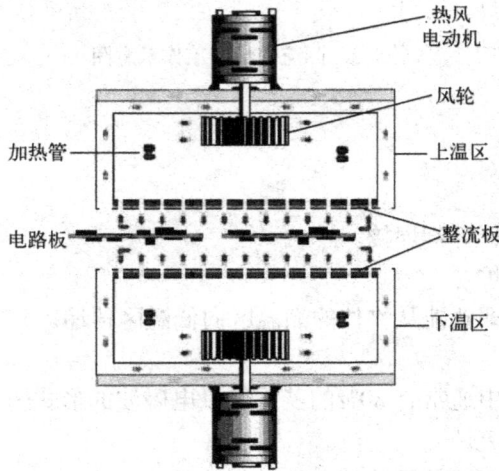

图 5-5 热风回流焊机的加热系统

炉膛被划分成若干独立控温温区，各温区又分上、下两温区，内装发热管，热风电动机带动风轮转动，形成热风通过特殊结构的风道，经整流板吹出，使热气均匀分布在温区内。

（2）传动系统

传动系统将电路板从回流焊机入口按一定速度输送到回流焊机出口，主要包括导轨、网带、中央支撑、链条、运输电动机、轨道宽度调整机构和运输速度控制机构等部分。

（3）钎剂回收与冷却系统

钎剂回收与冷却系统主要由焊接与冷却区域、粗过滤器、精细过滤器、热交换器、后过滤器、水冷热交换器或风冷等部件构成，图 5-6 为水冷热交换器。

图 5-6　水冷热交换器

5.3　回流焊的温度曲线

电路板由入口进入回流焊炉膛，到出口传出完成焊接，整个回流焊过程一般需经过预热、保温干燥、回流、冷却四个阶段。要合理设置各温区的温度，使炉膛内的焊接对象在传输过程中所经历的温度按合理的曲线规律变化，这是保证回流焊质量的关键。

一个典型的温度曲线（Profile：指通过回流焊炉时，PCB 上某一焊点的温度随时间变化的曲线）分为预热区、保温区、回流区及冷却区，如图 5-7 所示。

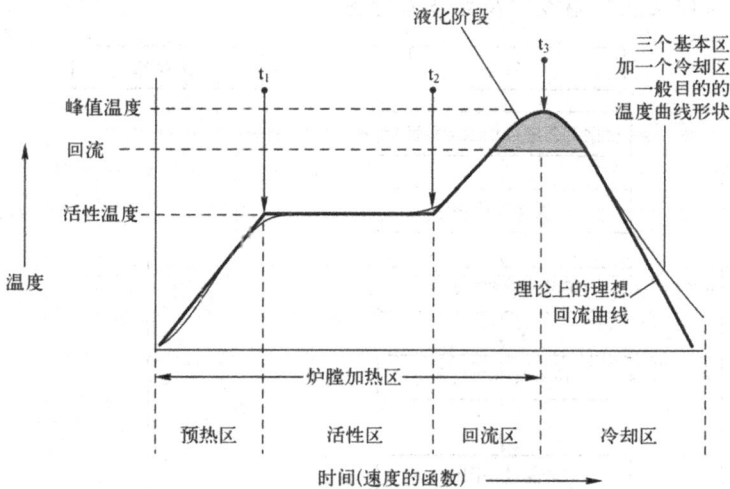

图 5-7　回流焊接炉的温度曲线

（1）预热区

预热区的目的是使 PCB 和元器件预热，达到平衡，同时除去钎剂中的水分、溶剂，以防钎剂发生塌落和钎料飞溅。升温速率要控制在适当范围内（过快会产生热冲击，如引起多层陶瓷电容器开裂、造成钎料飞溅；使在整个 PCB 的非焊接区域形成钎料球以及钎料不足的焊点；过慢则溶剂挥发不充分），一般规定最大升温速率为 4℃/s，上升速率设定为（1～

3）℃/s，ECS 的标准为低于 3℃/s。

（2）保温区

指从 120℃升温至 160℃的区域。主要目的是使 PCB 上各元件的温度趋于均匀，尽量减少温差，保证在达到回流温度之前钎料能完全干燥，到保温区结束时，焊盘、钎剂球及元件引脚上的氧化物应被除去，整个电路板的温度达到均衡。过程时间约 60～120s，根据钎料的性质有所差异。ECS 的标准为：140～170℃，MAX120s。

（3）回流区

这一区域里的加热器的温度设置得最高，焊接峰值温度视所用钎剂的不同而不同，一般推荐为钎剂的熔点温度加 20～40℃。此时钎剂中的钎料开始熔化,再次呈流动状态，替代液态钎剂润湿焊盘和元器件。有时也将该区域分为两个区，即熔融区和回流区。理想的温度曲线是超过钎料熔点的"尖端区"覆盖的面积最小且左右对称，一般情况下超过 200℃的时间范围为 30～40s。ECS 的标准为 Peak Temp.:210～220℃，超过 200℃的时间范围：40±3s。

（4）冷却区

用尽可能快的速度进行冷却，将有助于得到明亮的焊点并饱满的外形和低的接触角度。缓慢冷却会导致更多分解物进入锡中，产生灰暗毛糙的焊点，甚至引起沾锡不良和弱焊点结合力。降温速率一般为 4℃/s 以内，冷却至 75℃左右即可，一般情况下都要用离子风扇进行强制冷却。

5.4 回流焊接工艺

图 5-8 为回流焊接的炉温设定及测试流程图。

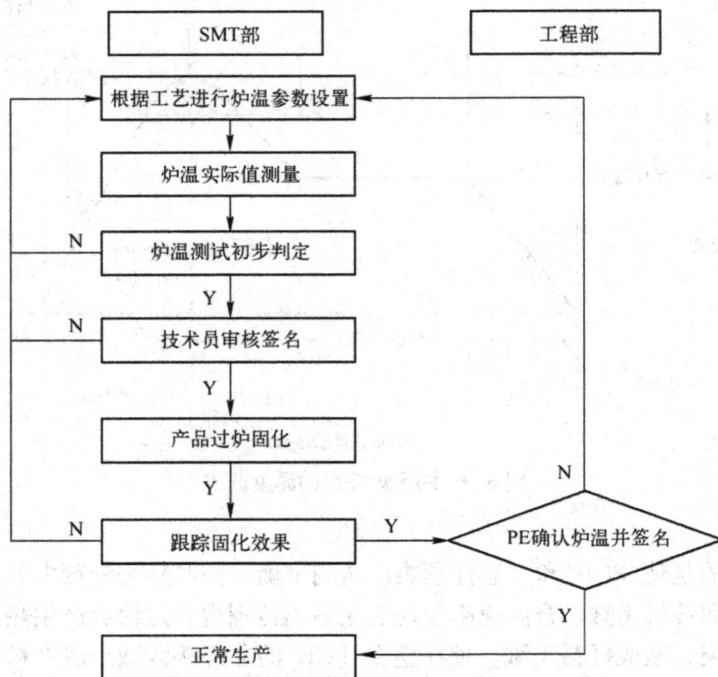

图 5-8 炉温设定及测试流程图

5.4.1 炉温测定

在固化、回流工艺里最主要是控制好固化、回流的温度曲线，即固化、回流条件，正确的温度曲线将保证高品质的焊接锡点。在回流炉里，其内部对于我们来说是一个黑箱，我们不清楚其内部发生的事情，这样为制定工艺带来重重困难。为克服这个困难，在 SMT 行业里普遍采用温度测试仪得出温度曲线，再参考之进行更改工艺。

温度曲线是施加于电路装配上的温度对时间的函数，当在笛卡尔平面作图时，回流过程中在任何给定的时间上，代表 PCB 上一个特定点上的温度形成一条曲线。其中，几个参数影响曲线的形状，其中最关键的是传送带速度和每个区的温度设定。传送带速度决定机板暴露在每个区所设定的温度下的持续时间，增加持续时间可以允许更多时间使电路装配接近该区的温度设定。每个区所花的持续时间总和决定总共的处理时间。

每个区的温度设定影响 PCB 的温度上升速度，高温在 PCB 与区的温度之间产生一个较大的温差。增加区的设定温度允许机板更快地达到给定温度。因此，必须做出一个图形来决定 PCB 的温度曲线。接下来是这个步骤的轮廓，用以产生和优化图形。

需要下列设备和辅助工具：温度曲线仪、热电偶、将热电偶附着于 PCB 的工具和钎剂参数表。测温仪器一般分为两类：实时测温仪，即时传送温度/时间数据和做出图形；而另一种测温仪采样储存数据，然后上传到计算机。

将热电偶使用高温钎料如银/锡合金，焊点尽量最小附着于 PCB，或用少量的热化合物（也叫作热导膏或热油脂）斑点覆盖住热电偶，再用高温胶带（如 Kapton）粘住附着于 PCB。附着的位置也要选择，通常最好是将热电偶尖附着在 PCB 焊盘和相应的元件引脚或金属端之间，如图 5-9 所示。

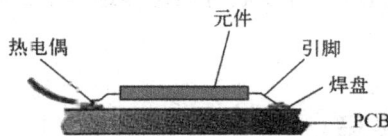

图 5-9　炉温测试板

钎剂的特性参数表也是必要的，其应包含所希望的温度曲线持续时间、钎剂活性温度、合金熔点和所希望的回流最高温度。

5.4.2 理想的温度曲线

理论上理想的曲线由四部分或区间组成，前面三个区加热、最后一个区冷却。炉的温区越多，越能使温度曲线的轮廓达到更准确和接近设定。

预热区，用来将 PCB 的温度从周围环境温度提升到所需的活性温度。其温度以不超过每秒 2～5℃速度连续上升，温度升得太快会引起某些缺陷，如陶瓷电容的细微裂纹，而温度上升太慢，钎剂会感温过度，没有足够的时间使 PCB 达到活性温度。炉的预热区一般占整个加热通道长度的 25～33%。

活性区，有时叫作干燥或浸湿区，这个区一般占加热通道的 33～50%，有两个功用，第一是，将 PCB 在相当稳定的温度下感温，使不同质量的元件具有相同温度，减少它们的相当温差。第二个功能是，允许钎剂活性化，挥发性的物质从钎剂中挥发。一般普遍的活性温度范围是 120～150℃，如果活性区的温度设定太高，钎剂没有足够的时间活性化。因此理想的曲线要求相当平稳的温度，这样使得 PCB 的温度在活性区开始和结束时是相等的。

回流区，其作用是将 PCB 装配的温度从活性温度提高到所推荐的峰值温度。典型的峰值温度范围是 205～230℃，这个区的温度设定太高会引起 PCB 的过分卷曲、脱层或烧损，并损害元件的完整性。

理想的冷却区曲线应该是和回流区曲线呈镜像关系。越是靠近这种镜像关系，焊点达到固态的结构越紧密，得到焊接点的质量越高，结合完整性越好。

5.4.3 典型 PCB 回流区间的温度设定

当我们按一般 PCB 回流温度设定后，给回流炉通电加热，当设备监测系统显示炉内温度达到稳定时，利用温度测试仪进行测试以观察其温度曲线是否与我们的预定曲线相符。否则进行各温区的温度重新设置及炉子参数调整，这些参数包括传送速度、冷却风扇速度、强制空气冲击和惰性气体流量，以达到正确的温度为止。典型 PCB 回流区间温度如表 5-1 所示。

表 5-1　典型回流区间温度

区　　间	区间温度设定	区间实际板温
预热	210	140
活性	180	150
回流	240	210

最后的曲线图尽可能与所希望的图形相吻合，应该把炉的参数记录或储存以备后用。虽然这个过程开始很慢和费力，但最终可以取得熟练和速度上的提升，结果得到高品质的 PCB 的高效率生产。

5.5　回流焊接的常见缺陷

5.5.1 回流焊的主要缺陷及分析

（1）产生锡珠

原因：①丝印孔与焊盘不对位，印刷不精确，使钎剂弄脏 PCB。②钎剂在氧化环境中暴露过多、吸空气中水分太多。③加热不精确，太慢且不均匀。④加热速率太快且预热区间太长。⑤钎剂干得太快。⑥钎剂活性不够。⑦太多颗粒小的锡粉。⑧回流过程中钎剂挥发性不适当。

锡珠的工艺认可标准是：当焊盘或印制导线之间的距离为 0.13mm 时，锡珠直径不能超过 0.13mm，或者在 600mm^2 范围内不能出现超过 5 个锡珠。

（2）产生锡桥

一般来说，造成锡桥的因素就是由于钎剂太稀，包括钎剂内金属或固体含量低、摇溶性低、钎剂容易炸开，钎剂颗粒太大、钎剂表面张力太小。焊盘上太多钎剂，回流温度峰值太高等。

（3）开路

原因：①钎剂量不够。②元件引脚的共面性不够。③锡湿不够（不够熔化、流动性不好），钎剂太稀引起锡流失。④引脚吸锡（像灯芯草一样）或附近有连线孔。

引脚的共面性对密间距和超密间距引脚元件特别重要，一个解决方法是在焊盘上预先上锡。引脚吸锡可以通过放慢加热速度和底面加热多、上面加热少来防止。也可以用一种浸湿速度较慢、活性温度高的钎剂或者用一种 Sn/Pb 不同比例的阻滞熔化的钎剂来减少引脚吸锡。

5.5.2　不良回流温度曲线

以下是一些不良的回流曲线类型，如图 5-10～图 5-13 所示。

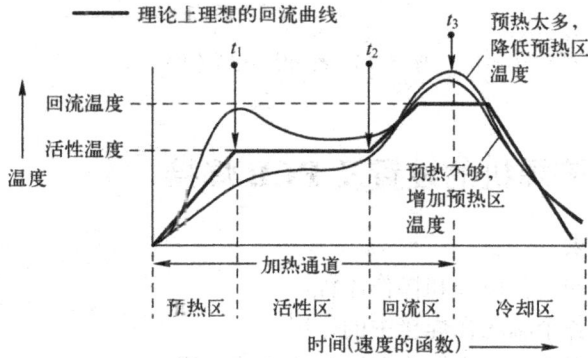

图 5-10　预热不足或过多的回流曲线

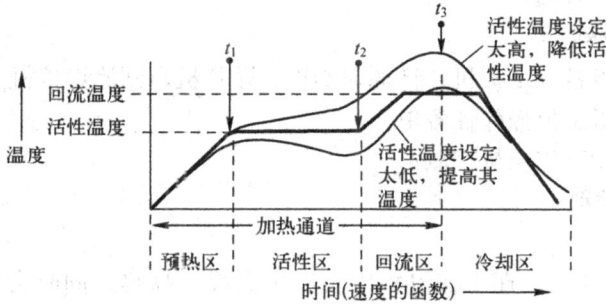

图 5-11　活性区温度太高或太低

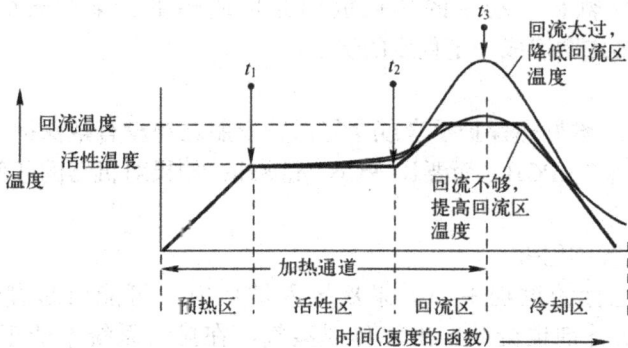

图 5-12　回流太多或不够

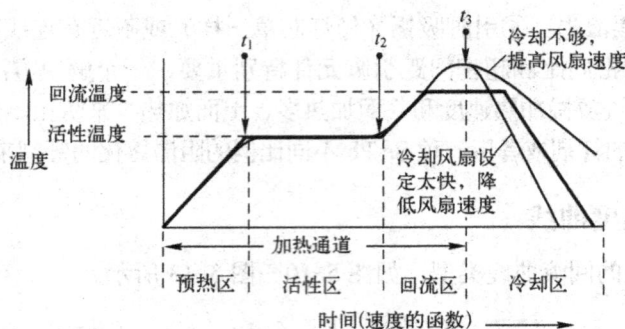

图 5-13　冷却过快或不够

5.6　实训 1　回流焊机的设置及 PCB 焊接

1. 实训目的及要求

1）熟悉回流焊机的工作原理和操作流程。

2）理解回流焊机各个温区在焊接中的作用。

3）逐步掌握回流焊机开关机操作和温度曲线的设置。

4）初步掌握回流焊机生产过程的质量控制过程。

5）完成简单 PCB 焊接。

2. 实训器材及软件

1）SMT 生产线设备（上板机、钎剂印刷机、贴片机、回流焊接机）　一套。

2）SMT 回流焊机工位操作任务单　　　　　　　　　　　　　　　一套。

3）SMT 回流焊接工位质量控制单　　　　　　　　　　　　　　　一套。

4）PCB 及相关辅料　　　　　　　　　　　　　　　　　　　　　若干。

3. 相关知识点

回流焊机设备功率大，在工作过程中会产生高温、高热，同时会排放出有毒、有害气体，因此做好安全措施十分必要。

（1）防止高温危害

运输链、运输导轨和移动中的焊接板均会传递热量，某些表面温度能达到 66℃（150℉），可能对人体皮肤造成一定程度的烧伤。

保护措施：

机器正在运行时，戴好热保护手套或穿好保护衣服。在没有戴保护手套时，严禁接触运输系统和从机器中出来的 PCB，而要让 PCB 先冷却；如果对机器的任何部分进行维护时，应先穿上保护衣服。

（2）防止蒸气和气体危害

回流焊在正常运行的过程中，如果板掉入炉体内，可能引起燃烧，放出有害的气体，印制电路板和松香剂也会散发出气体或蒸气，在排气系统不能正常工作时，此气体或蒸气就会聚集在炉床里面，与外界形成一定压差，会通过入板端和出板端排放到工作区域内。

保护措施：

在开启回流焊之前，连接好排气系统，并确认正常运行。

（3）防止火或者烟的危害

电动机：在正常的环境下，电动机在运行期间由于摩擦容易产生火星，有可能引起周围环境发生火灾。发热源：如果板在机器中停留时间太长，可能点燃焊接 PCB。

保护措施：

为了避免火灾，采用好的灭火技术，按照本地规则安装防火设施。妥善保护好易燃材料，不要将易燃物品放入机器内或机器附近；保持好回流焊机的清洁。机器里面不要停留印制电路板，并确认全部的电动机运行正常。

（4）废气与内部清理

废气系统的安装：因为回流焊机产生的气体可能危害身体，应该安装合适的过滤和监视废气系统。

保护措施：

安全质量检查，定期监视工作场所的空气质量，提高操作场所工作环境的安全性。

4．实训内容及步骤

第一步：机器硬件操作。

（1）电源开启程序

1）机器首次起动，将电源接入机器，按下列方法开启电源。

① 先测量主电源的电流与电压，开启总电源。

② 打开机器电源开关，注意观察 PLC、温控模块、光电、各种仪表等是否都正常工作。

2）起动确认，安装机器废气系统，机器废气装置已连接在工厂废气系统，打开工厂废气系统，并检查废气系统是否能正常工作。

（2）急停按钮

如果有急停按钮被按下的时候，下列情况会发生：

① 系统将硬性停止。

② 全部的运动功能和加热功能将停止。

③ 即使印制电路板在机器里面，运输也停止。

④ 监控器将指示急停，并带有声音报警。

⑤ 直到急停按钮再次弹起后，系统回到急停以前的运行状态。

第二步：回流焊机操作。

打开主电源，开启计算机，系统启动登录到 Windows XP，需要用户名和密码。不同的生产厂家有不同的用户名和密码。具有操作时请详细阅读回流焊炉说明书及使用手册。上述步骤完成后，机器会自动加载软件（或者双击图标），初始登录画面如图 5-14 所示。

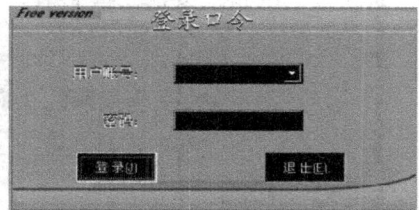

图 5-14　回流焊机登录界面

1）用户在"用户账号"栏单击"▼"选择"admin"或"operator"身份，并输入登录密码"××××××"，按"登录"按钮。

2）登录完成后，显示 PCB 类型选项和各种焊接参数数据库，包括序列号、PCB 名称、各温区温度值（各值可在此处修改），界面如图 5-15 所示。

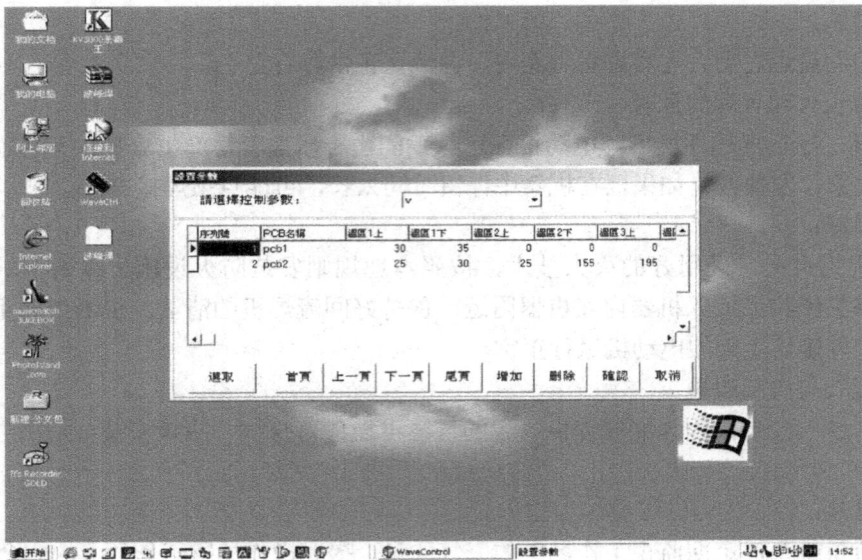

图 5-15 回流焊机参数设置界面

3）选定 PCB 名，并单击"选取"，PCB 名和参数将自动载入，出现加载进程条。

4）待加载完成后，自动进入操作界面（如果反复出现进程条，则要改变串口通信），如图 5-16 所示。

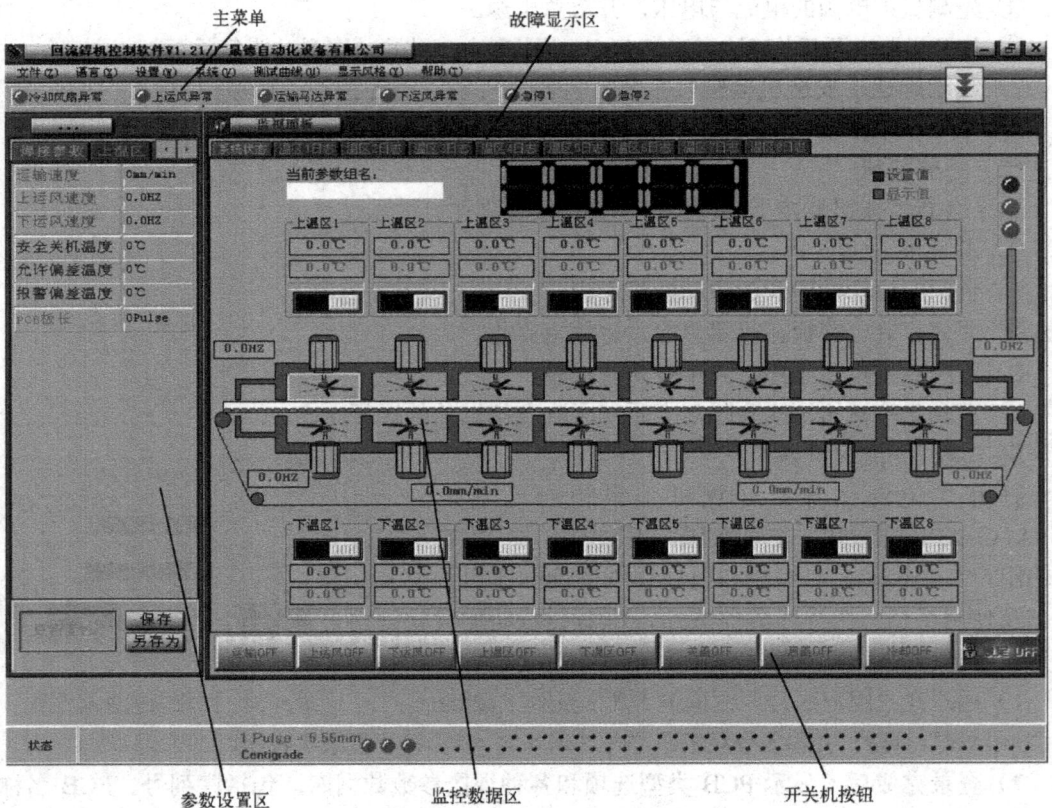

图 5-16 回流焊机操作界面

5）设置

① 串口设置。

此菜单可以选择计算机的 COM1 或者 COM2 口，此处设置应与计算机的物理通信口相同。尽量使用 COM1 口（即默认值），如图 5-17 所示。

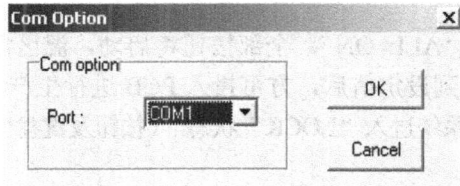

图 5-17　回流焊机串口设置

② 系统设置。

a. 权限设置：单击右键，在 Edit 状态下，对用户访问权限设置，设置好后单击"UPDATE"。

b. 登录日志：自动录入，有登录者的姓名、登录时间、退出时间。

第三步：测试曲线设置。

1）测试 PCB 受温曲线。

测温板直接插入机器测温插座，打开测温界面，如图 5-18 所示。单击"TestLine"，即可测出 PCB 经过炉体的受温状况。测试完毕，单击"Save"，将文件保存为"*.bmp"文件，以便于存档。同时，也可选择"Print"，打印该温度曲线。单击"Exit"可退出此页面，回到监控界面页。在测试曲线的时候，注意测试点插接头的正、负极。

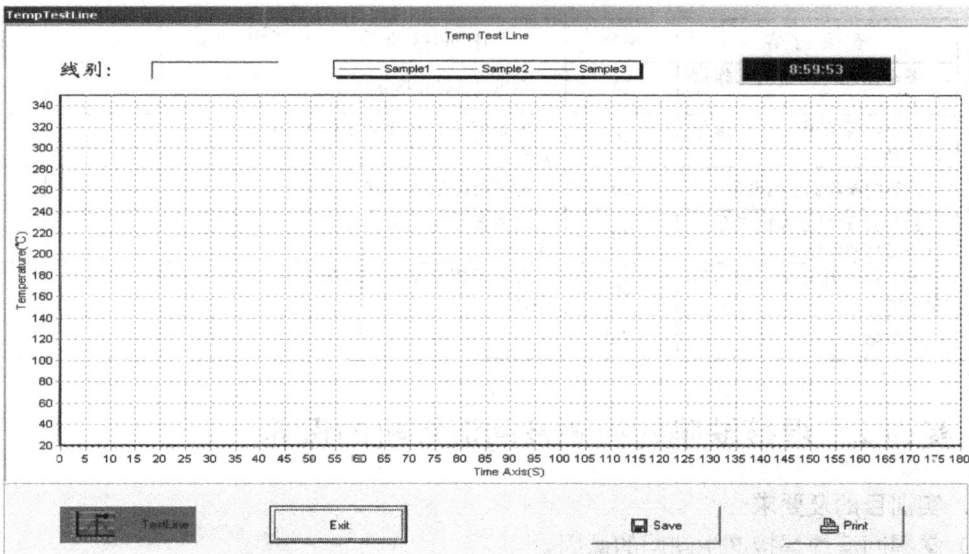

图 5-18　回流焊机温度测试界面

2）参数设置区设置。

① 焊接温度：单击温区名后带数字按钮，输入需要的温度值；如果输入温度不在其规定范围内，自动弹出 WAVECONTROL 对话框，即"please input 0～320℃value"，直到输入

符合范围。

② 传输速度：单击带数字按钮，输入你所需要的速度，如果输入速度不在其规定范围内，自动弹出 WAVECONTROL 对话框，即"please input 5~20value"，直到输入符合范围。回到焊接参数界面，单击"更新到 PLC"，再单击"保存"按钮即可。

第四步：开机预生产

① 在控制按钮上单击"ALL ON"，全部按钮将启动，温区温度稳定以后机器即投入运行；注意待各温区温度均达到设定值后，方可投入 PCB 进行生产。

② 单击"FREE"监控系统进入"LOCK"状态 （按钮及键盘失效，防止客户误操作）。

第五步：关机。

设备使用完毕，关机步骤如下：单击操作界面上的"上温区 ON""下温区 ON""冷却"。单击"文件"菜单，在下拉框内单击"自动关机"，机器自动运行 30min 停机。

5．实训结果及数据

1）熟练指出回流焊机各部分的作用和功能。

2）熟悉回流焊机硬件操作和软件设置。

3）熟悉回流焊机各种指示灯所代表的意义。

4）初步熟悉回流焊机各种工艺流程并进行简单操作。

5）熟悉回流焊机各个工位的质量标准并能严格执行。

6）每个同学完成一块简单的含有 SMT 元件印制电路板的焊接。

6．考核标准（见表 5-2）

表 5-2　考核标准

序号	考核内容	配分	评分标准	考核记录	扣分	得分
1	熟悉回流焊设备的操作指导书	20	熟悉设备操作指导书			
2	熟悉回流焊各个工位操作指导书	20	能按照工位指导书进行操作			
3	熟悉回流焊机正确设置	20	能正确设置回流焊机			
4	初步熟悉回流焊机工艺流程并进行简单操作	20	对回流焊工艺流程有基本认识			
5	熟悉回流焊各个工位的质量标准	20	对回流焊质量标准有基本认识			
6	分数总计	100				

5.7　实训 2　焊接缺陷的检测及回流焊机的保养

1．实训目的及要求

1）掌握回流焊焊接产生缺陷的原因。

2）掌握如何预防回流焊缺陷产生。

3）熟悉回流焊机温度曲线的设置和调整。

4）掌握安全生产流程和质量控制。

5）熟练对回流焊机进行日常保养。

2．实训器材及软件

1）SMT 生产线设备（上板机、钎剂印刷机、贴片机、回流焊接机）　　一套。

2）SMT 回流焊机工位操作任务单　　　　　　　　　　　　　　　　　一套。

3）SMT 回流焊接工位质量控制单　　　　　　　　　　　　　　　　　一套。

4）PCB 及相关辅料　　　　　　　　　　　　　　　　　　　　　　　若干。

3．相关知识点

（1）怎样才算回流焊焊接良好

焊点润湿良好，完整、连续、圆滑；钎料要适中，无脱焊、吊桥、拉尖、虚焊、桥接、漏焊等不良焊点。元器件应完好无损，检查 PCB 表面颜色变化。

详细焊接质量检验标准一般可采用 IPC 标准 IPC-A-610，电子装联的接受标准。

（2）好的回流温度曲线

要得到好的回流焊接效果必须有一个好的回流温度曲线。那么什么是一个好的回流曲线呢？一个好的回流曲线应该是对所要焊接的 PCB 上的各种表面贴装元件都能够达到良好的焊接，且焊点不仅具有良好的外观品质而且有良好的内在品质的温度曲线。

而钎剂的特性决定回流曲线的基本特性。不同的钎剂由于钎剂（Flux）有不同的化学组分，因此它的化学变化有不同的温度要求，对回流温度曲线也有不同的要求。一般钎剂供应商都能提供一个参考回流曲线，用户可在此基础上根据自己的产品特性或结合 IPC/JEDEC J-STD-020 回流炉测温规范来优化制定出一个回流曲线标准。常见有铅钎剂回流标准曲线如图 5-19 所示。

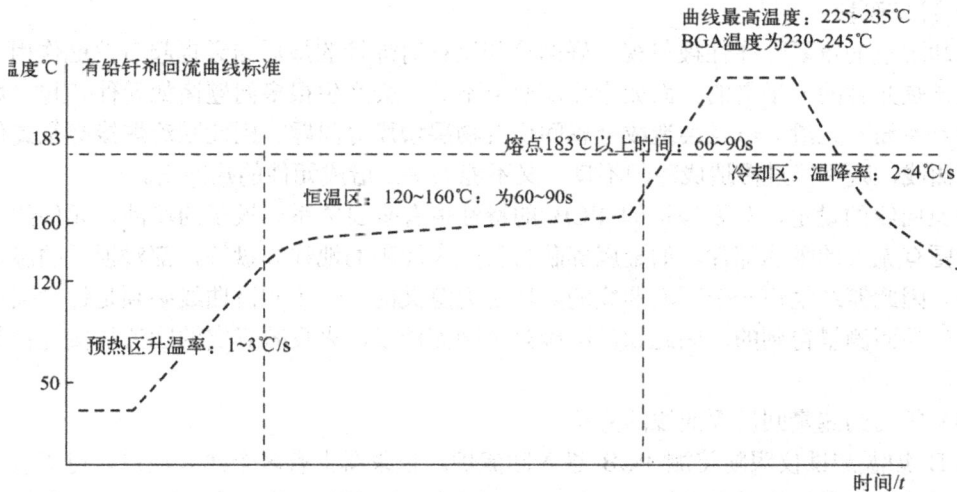

图 5-19　有铅钎剂回流标准曲线

（3）各个阶段作用

1）预热阶段的目的是把钎剂中较低熔点的溶剂挥发走。

钎剂中钎剂的主要成分包括松香、活性剂、黏度改善剂和溶剂。溶剂的作用主要作为松香的载体和保证钎剂的储藏时间。预热阶段需把过多的溶剂挥发掉，但是一定要控制升温斜率，太高的升温速度会造成元件的热应力冲击，损伤元件或减低元件性能和寿命，后者带来的危害更大，因为产品已流到了客户手里。另一个原因是太高的升温速度会造成钎剂的塌陷，引起短路的危险，尤其对钎剂含量较高（达 10%）的钎剂。

2）恒温阶段的设定主要应参考钎剂供应商的建议和 PCB 热容的大小。

因为恒温阶段有两个作用，一是使整个 PCB 都能达到均匀的温度，均热的目的是为了减少进入回流区的热应力冲击，以及其他焊接缺陷如元件翘起，某些大体积元件冷焊等。恒温阶段另一个重要作用就是钎剂中的钎剂开始发生活性反应，它将清除焊件表面的氧化物和杂质，增大焊件表面润湿性能（及表面能），使得融化的钎料能够很好地润湿焊件表面。由于恒温段的重要性，因此恒温时间和温度必须很好地控制，既要保证钎剂能很好地清洁焊面，又要保证钎剂到达回流之前没有完全消耗掉。钎剂要保留到回流焊阶段是必需的，它能促进钎料润湿过程和防止焊接表面的再氧化。尤其是目前使用低残留、免清洗（no-clean）的钎剂技术越来越多的情况下，钎剂的活性不是很强，且回流焊接的也多为空气回流焊，更应注意不能在均热阶段把钎剂消耗光。

3）回流阶段。

温度继续升高越过回流线，钎剂融化并发生润湿反应，开始生成金属间化合物层（到达最高温度），然后开始降温，落到回流线以下，钎料凝固。

回流区同样应考虑温度的上升和下降斜率不能使元件受到热冲击。回流区的最高温度是由 PCB 上的温度敏感元件的耐温能力决定的。在回流区的时间应该在保证元件完成良好焊接的前提下越短越好，一般为 30～60s 最好，过长的回流时间和较高温度，如回流时间大于 90s，最高温度过大，会造成金属间化合物层增厚，影响焊点的长期可靠性。

4）冷却阶段。

冷却阶段的重要性往往被忽视。好的冷却过程对焊接的最后结果也起着关键作用。好的焊点应该是光亮的、平滑的。而如果冷却效果不好，会产生很多问题诸如元件翘起、焊点发暗、焊点表面不光滑，以及会造成金属间化合物层增厚等问题。因此回流焊接必须提供良好的冷却曲线，既不能过慢造成冷却不良，又不能太快，造成元件的热冲击。

回流曲线的设定，与要焊接的 PCB 的特性也有重要关系。板子的厚薄，元件的大小，元件周围有无大的吸热部件，如金属屏蔽材料、大面积的地线焊盘等，都对板子的温度变化有影响。因此笼统地说一个回流曲线的好坏是无意义的。一个回流曲线必须是针对某一个或某一类产品而测量得到的。因此如何准确测量回流曲线，来反映真实的回流焊接过程是非常重要的。

（4）常用的测量回流焊曲线的方法

ECD 炉温测试仪跟随待测 PCB 进入回流炉。记录器上有多个热偶插口，可连接多根热偶线。记录器里存储的温度数据，在出炉后，可输到计算机里分析或从打印机中输出。

热电偶安装及选取方式。热偶线的安装有一般两种：一是高温钎料丝，温度在 300℃以上（高于回流最高温度）。另一种方法是用胶或是高温胶带把它粘住，这样热偶线就不会在回流区脱落。

焊点的位置一般为选取元件的焊脚和焊盘接触的地方。焊点不能太大，以焊牢为准。焊点大，温度反应迟后，不能准确反映温度变化，尤其是对 QFP 等细间距焊脚。对特殊的器件如 BGA 还需要在 PCB 下钻孔，把热偶线穿到 BGA 下面。

热偶线的安装位置一般根据 PCB 的工艺特点来选取，如双面板应在板上下都安装热偶线，大的 IC 芯片脚要安装，BGA 件要安装，某些易造成冷焊的元件（如金属屏蔽罩周围、散热器周围元件）一定要放置。还有就是认为要研究的焊接出了问题的元件。

ECD 炉温测试仪进炉前如图 5-20 所示。

ECD 炉温测试仪出炉后如图 5-21 所示。

图 5-20　ECD 炉温测试仪进炉　　　　　　　图 5-21　ECD 炉温测试仪出炉

4．实训内容及步骤

第一步：找出有缺陷的焊点。

缺陷焊点主要有以下几类。

（1）钎料球

许多细小的钎料球镶陷在回流后钎剂残留的周边上。在 RTS 曲线上，这个通常是升温速率太慢的结果，由于钎剂载体在回流之前烧完，发生金属氧化。这个问题一般可通过曲线温升速率略微提高得到解决。钎料球也可能是温升速率太快的结果，但是，这对 RTS 曲线不大可能，因为它是相对较慢、较平稳的温升。

（2）钎料珠

经常与钎料球混淆，钎料珠是一颗或一些大的钎料球，通常落在片状电容和电阻周围。虽然这常常是丝印时钎剂过量堆积的结果，但有时可以调节温度曲线解决。和钎料球一样，在 RTS 曲线上产生的钎料珠通常是升温速率太慢的结果。在这种情况下，慢的升温速率引起毛细管作用，将未回流的钎剂从钎料堆积处吸到元件下面。回流期间，这些钎剂形成锡珠，由于钎料表面张力将元件拉向机板，而被挤出到元件边。和钎料球一样，钎料珠的解决办法也是提高升温速率，直到问题解决。

（3）熔湿性差

熔湿性差经常是时间与温度比率的结果。钎剂内的活性剂由有机酸组成，随时间和温度而退化。如果曲线太长，焊接点的熔湿可能受损害。因为使用 RTS 曲线，钎剂活性剂通常维持时间较长，因此熔湿性差比 RSS 较不易发生。如果 RTS 还出现熔湿性差，应采取步骤以保证曲线的前面 2/3 发生在 150℃ 之下。这将延长钎剂活性剂的寿命，改善熔湿性。

（4）钎料不足

钎料不足通常是不均匀加热或过快加热的结果，使得元件引脚太热，钎料吸上引脚。回流后引脚看到去锡变厚，焊盘上将出现少锡。减低加热速率或保证装配的均匀受热将有助于防止该缺陷。

（5）"立碑"

立碑通常是不相等的熔湿力的结果，使得回流后元件在一端上站起来。一般，加热越慢，板越平稳，越少发生。降低装配通过183℃的温升速率将有助于校正这个缺陷。

（6）空洞

空洞是锡点的 X 射线或截面检查通常所发现的缺陷。空洞是锡点内的微小"气泡"，可能是被夹住的空气或钎剂。空洞一般由三个曲线错误所引起：不够峰值温度；回流时间不够；升温阶段温度过高。由于 RTS 曲线升温速率是严密控制的，空洞通常是第一或第二个错误的结果，造成没挥发的钎剂被夹住在锡点内。在这种情况下，为了避免空洞的产生，应在空洞发生的点测量温度曲线，适当调整直到问题解决。

（7）无光泽、颗粒状焊点

一个相对普遍的回流焊缺陷是无光泽、颗粒状焊点。这个缺陷可能只是美观上的，但也可能是不牢固焊点的征兆。在 RTS 曲线内改正这个缺陷，应该将回流前两个区的温度减少 5℃；峰值温度提高 5℃。如果这样还不行，那么，应继续这样调节温度直到达到希望的结果。这些调节将延长钎剂活性剂寿命，减少钎剂的氧化暴露，改善熔湿能力。

（8）烧焦的残留物

烧焦的残留物，虽然不一定是功能缺陷，但可能在使用 RTS 温度曲线时遇见。为了纠正该缺陷，回流区的时间和温度要减少，通常5℃。

第二步：排除 RTS 曲线的故障。

排除 RSS 和 RTS 曲线的故障，原则是相同的：按需要调节温度和曲线温度的时间，以达到优化的结果。时常，这要求试验和出错，略增加或减少温度，观察结果。以下是使用 RTS 曲线遇见的普遍回流问题以及解决办法。

结论：

RTS 温度曲线不是解决每一个回流焊接问题的万灵药，也不能用于所有的炉或所有的装配。可是，采用 RTS 温度曲线可以减少能源成本、增加效率、减少焊接缺陷、改善熔湿性能和简化回流工序。这并不是说 RSS 温度曲线已变得过时，或者 RTS 曲线不能用于旧式的炉。无论如何，工程师应该知道还有更好的回流温度曲线可以利用。

注意：所有温度曲线都是使用 Sn63/Pb37 合金，183℃的共晶熔点。

第三步：回流焊机日常的维修与维护。

（1）每日维护

自动注油器，检查润滑油量，运输链条的润滑情况及注油器内是否有污垢。

（2）每星期维护

1）运输传动。

检查齿轮的啮合、轴承、驱动电动机，运风电动机等的运行状况。

2）冷却区。

检查冷却区管路是否漏水或不能降低冷却区的温度。

3）氧气分析过滤器。

检查或更换安装在入口或氧气分析器出口的过滤器。

4）热交换器。

检查累积在冷却区的杂物和碎片，并清理热交换器均风板。

（3）每月维护

发热丝测试：测试炉膛温度，包括升温时间、采样点的温差、发热丝的电阻值等。

（4）季度维护

氧气分析仪水池检查：检查氧气分析仪水池，确保水量在最大与最小指示线之间，避免水量过多。

（5）半年维护

运输导轨检查：检查运输导轨的间距有无发生变化，查看导轨与链条上钎剂的附着情况以及导轨的变形与磨损情况。根据检查结果进行维护。

5. 实训结果及数据

1）熟悉各种缺陷焊点表象。

2）能分析各种缺陷焊点产生原因。

3）能通过调整回流焊机温度缺陷消除焊点缺陷。

4）能按照回流焊机工艺流程并进行熟练操作。

5）熟悉回流焊各个工位的质量标准并能严格执行。

6）每个同学完成一块简单的含有 SMT 元件印制板的焊接和缺陷焊点维修。

6. 考核标准（见表 5-3）

表 5-3　考核标准

序号	考核内容	配分	评分标准	考核记录	扣分	得分
1	熟悉各种缺陷焊点表象	20	正确指出缺陷焊点			
2	熟练分析各种缺陷焊点产生原因	20	能分析出焊点缺陷原因			
3	熟练调整回流焊温度曲线	20	能根据焊接情况调整回流焊温度曲线			
4	完成 PCB 焊接并维修缺陷焊点	20	所有焊点满足质量标准			
5	熟悉 SMT 回流焊工位的质量标准	20	对 SMT 质量标准有基本认识			
6	分数总计	100				

5.8　附录　某公司回流焊机工位的操作任务单

1. 目的

以规范的作业指导，指导技术人员和操作者如何正确使用、检查、维护 KT-BC8820-LF 无铅回流焊，保证人身安全，确保回流焊能高质高效运作，运行长期处于稳定状态；延长使用寿命，从而提高品质与生产效率，达到满足客户的要求。

2. 范围

适用于公司 KT-BC8820-LF 无铅回流焊。

3. 责权

3.1　制造部操作员；负责严格按照此规程调试操作和进行生产、保养、记录，组长监督。

3.2　品质部：负责定期检查设备保养记录的填写。

3.3　技术部：负责技术性调试、维修，监督操作员作业并考核，培训操作员技能。

4．作业内容

4.1　信号灯的识别

4.1.1　绿色信号一直亮，热风回流焊炉处于全自动工作状态，无故障。

4.1.2　黄色信号一直亮，该炉正处于加温或降温状态。

4.1.3　在生产过程中，如果有红色信号灯亮时，并有信号声发出，则说明该炉有故障，应立即知会相关术人员来处理。

4.2　检查轨道的宽度是否与 PCB 的宽度一致。

4.3　开启机器上行过程中，作业人员禁止修改炉温。

4.4　在运行过程中，出现异常情况，及时通知相关技术人员。

4.5　在运行过程中，作业人员过炉的 PCB 必须每隔 3～5cm 才可以过一块 PCB。

5．调试人员操作

5.1　开启总开关电源。

5.2　检查该炉各部分是否处于正常状态，有问题及时处理，比较严重的及时通知上司或相关管理人员。

5.3　打开计算机主机，进入 Windows 界面，再进入主画面，选择运行单击一下运行按钮，该炉会自动进入加热状态，当温度达到设定值时，黄色灯变为绿灯指示。

5.4　根据 PCB 的温度曲线表，调试好炉温。

5.5　在运行过程中，按时检查焊接质量，有问题及时处理，确保产品质量。

6．参数设定

6.1　红胶温度设定

6.1.1　上温区一 110℃，温区二 120℃，温区三 150℃，温区四 120℃，温区五 110℃，下温区与上温区一致。

6.1.2　速度 0.65m/min。

6.2　钎剂温度设定

6.2.1　上温区一 175℃，温区二 190℃，温区三 190℃，温区四 220℃，温区五 250℃，下温区与上温区一致。

6.2.2　速度 0.50m/min。

7．关机程式

7.1　退出运行系统。

7.2　延时 30min 后系统自动关闭计算机。

7.3　关闭热风回流焊炉总开关。

7.4　关闭总电源。

8．保养

8.1　每日保养

8.1.1　每班测量一次预热温度是否与设定值一致。

8.1.2　每日检查运输链条是否正常并给传动链条加适量润滑油。

8.1.3　每日清洗机身周围地板一次。

8.1.4　每日清洗机身内部一次。

8.1.5　每天晚上下班擦拭设备表面灰尘。

8.2　每周保养

8.2.1　每周清洗位移丝杠各部件螺钉并加润滑油一次。

8.2.1　每周清洗轨道调节器滑动轮并加润滑油一次。

8.2.3　其他转动部分每周应加油及除尘一次。

8.3　月度保养

8.3.1　配电箱每月除尘一次。

8.3.2　热箱每周清扫一次。

8.3.3　炉胆每月清理一次。

8.4　年度保养

8.4.1　运风电动机的运转情况，热元件的灵敏程度，发热管与保温是否良好，高温线是否更换。

8.4.2　预热部分：预热发热管与高温线是否良好，热元件的灵敏程度，箱体的清洗情况，热风电动机动是否良好。

8.4.3　运输系统：运输链条的清洗，导轨的清洗，接驳口出板的接驳性能与导轨的固定是否良好，运输电动机的传动部分是否运转正常，速度显示正确。

9.　记录

9.1　保养合格后在"设备保养记录表"内签名。

9.2　维修。维修人员将维修情况记录于"设备维修记录单"内。

10.　品质要求

无锡珠，锡点光滑，无虚焊、漏焊，爬锡良好。

11.　机器异常处理

当生产中出现机器异常时由所在组组长发出口头通知技术部，再填写"设备维修申请卡"技术部，且该组长负责提供所需物品。

12.　注意事项

机器在正常运作时，手、衣服、钳子等不能靠近机器会转动的地方。

5.9　习题

1. 电子元件的焊接方式主要有哪些？

2. 常见的回流焊炉有哪些类型？

3. 典型的回流焊温度曲线包含哪些分区，每个区的温度设置需要注意哪些事项？

4. 简述回流焊的主要缺陷及解决方法。

5. 在条件允许的情况下，请进行回流焊炉的炉温测试，并根据测试的结果进行温度曲线的绘制。

第6章　SMT 产品质量的检测与维修

学习内容

(1) SMT 检测的基本概念和种类

(2) SMT 产品质量检测流程与检测内容

(3) 缺陷 SMT 产品维修方法

(4) 电子公司 SMT 产品质量检测标准（规范）

学习目标

目前电子产品的微小型化，必然使元器件也不断地朝着微小型化方向发展，布线也越来越密，这一切对用 SMT 生产的产品质量检测技术提出了非常高的要求。学完本章，读者应能对 SMT 生产的产品的检测方法及相关检测设备的工作原理、检测技术有一个概括性地了解，能通过简单的维修消除 SMT 产品缺陷。

6.1　SMT 检测技术简介

目前电子产品的元器件不断地朝着微小型化方向发展，引脚间距甚至小于 0.1mm，布线越来越密，BGA / CSP / FC 的使用也越来越多，SMA 组件也越来越复杂。这一切对用 SMT 生产的产品质量检测技术提出了非常高的要求。本章对几种主要的 SMT 生产产品的检测方法及相关检测设备的工作原理、检测技术予以介绍。

6.1.1　SMT 检测技术的分类

在现代电子组装技术中采用 SMT 工艺，使用的检测技术主要包括人工目检（MVI）、自动视觉检测（AVI）、自动光学检测（AOI）、在线电路检测（ICT）、自动 X 射线检测（AXI）、功能检测（FT）和飞针测试（FP）等方法。

(1) 人工目检

即利用人的眼睛和简单的光学放大器件（放大镜）对电路板、点胶、钎剂印刷、贴片、焊点及电路板表面质量进行人工检查。用这种方法进行检验，初期投资少、工艺简单，但工艺水平低，对不可视焊点和元件表面细微裂纹不能检查，而且劳动强度大，对检测人员的视力伤害大，不适合大批量生产。

钎料无铅化后，焊点外观变得粗糙，呈现亚光型，失去刺眼光泽而有利于目检。但是元器件引脚的微小化，对人工目检是一个很大的挑战，给人工目检增加了难度，因此，这种方法在现代大规模生产中的使用就受到限制。

（2）在线电路测试（ICT）

分为飞针和针床两种方式，图 6-1 所示为在线电路测试仪外形图。其工作原理是在设计芯片和 PCB 时引入菊花链拓扑结构（菊花链拓扑是用最短的互连传输线把所有的器件连接起来，每个器件最多只能通过两段传输线连接到另外的两个器件上，直至完成所有的器件连接，连接完成后，从首个器件开始，所有的器件连接成链状），使得组装后的焊点形成网络，从而通过检测网络通断来判断焊点是否失效。具体的方法是用探针检测设定点的电性能参数。目前生产中选用最多的是单头探针（尖矛型），一般适用于检测孔和焊盘，若用于引脚会发生侧滑；对通孔元器件的引脚，通常采用三针型和锋利的多面型等。为提高探针耐久性，探针材料通常选高硬度的钢材，检测压力一般在 1～20N；而对于免清洗钎剂，钎剂残余较少，压力范围可选择低一点，通常取 1.1～2.0N。ICT 测试一般用于再流焊后，主要用来检测元器件极性贴错、桥接、虚焊和短路等

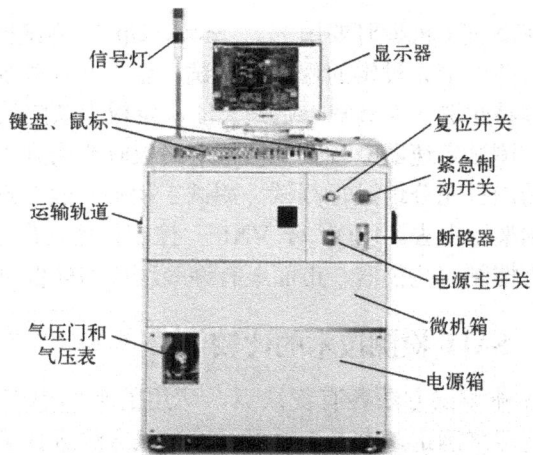

（3）自动光学检测（AOI 检测）

为了适应高密度和细间距组装的检测需要，AOI 检测即自动光学检测成为 SMT 工艺中检测技术的重要技术手段，AOI 检测是采用了计算机技术、高速图像处理和识别技术、自动控制技术、精密机械技术和光学技术整合形成的一种检测技术。具有自动化程度高、检测速度快和高分辨率的检测能力，可以减轻劳动强度，提高判别准确性，减少专用夹具，具有良好的通用性，能给组装系统提供实时反馈信息，其设备外形如图 6-2 所示。

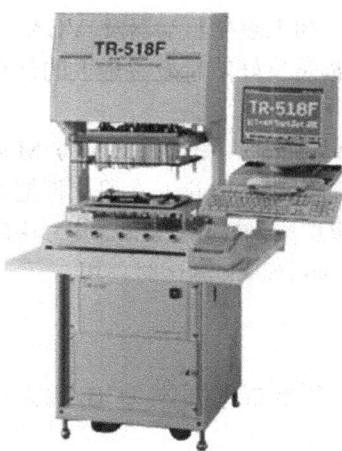

图 6-1　在线电路测试仪　　　　　图 6-2　AOI 设备外形及组成部分

（4）X 射线检测

X 射线检测是利用 X 射线具备很强的穿透性，能穿透物体表面的性能，透视被检焊点内部，从而达到检测和分析电子元件各种常见的焊点的焊接品质，如 BGA、CSP 与 FC 等封装器件下面的焊点缺陷，如桥接、开路、焊球丢失、移位、钎料不足、空洞、焊球和焊点边缘模糊等，还可检测 BGA 等封装内部是否有气泡、桥架、虚焊等。图 6-3 为 X 射线测试机器外形图。

（5）功能卡测试（FCT）

在 FCT 之下板子会在特定的环境下来测试其功能及速度。举例说明，一个含处理器的

主机板必须加以测试,以确保其能以全速运算且透过适配卡和光盘驱动器、LED 显示器、选用的内存等相连接;测试定速器板以确定其和汽车之间的接口良好,以确定它能以全速执行其功能。以上都是 FCT 所应用的领域。

图 6-3 X 射线检测仪

在测试主机板时要用到 "Mock-Up" 测试机,它可以加上磁盘驱动器及 VGA 卡到板子上,并以事先设定的程序去测试。至于其他外加的系统都是良好的。设备最大的优点是不贵且容易建造,而其缺点则是无法决定板上缺陷发生在哪个地方。

在测试定速器板或其他模拟电路板时要用到"Rack-and-Stack"测试机,因为 Mock-Up 不能精确且充分地进行测试。测试工程师一般会选取适当的仪器,构建一支架,再把这些仪器放到架子上去。IEEE or VXI一 控制仪器是最常被用到的。同时也发展出一些专用的测试软件来控制这些仪器。市面上有许多现成的软件可供 Rack-and Stack 测试时使用。

6.1.2 SMT 检测技术的比较

各种测试方法各有优缺点,适用的范围也有所不同,需要根据具体 PCB 的大小、密度、功能来确定,表 6-1 对不同种测试方法进行了比较。

表 6-1 SMT 工业标准测试方式比较

测 试 方 式	优　　点	缺　　点
ICT	开发时间短,设备价格低廉;找寻短路、组件方位不对、错误组件、空焊极强;短时间就能找出故障位置,测试时间短	不同印制电路板需要不同冶具;对好的印制电路板而言费浪费时间;可能会损坏一些敏感组件;必须有测试点
FCT(Mock-Up)	提供迅速通过/不通过测试;一般而言测试时短,设备通常不贵	会找不到 ICT 可找出的故障,其包含短路及 SAO/SAI 故障,对找出故障位置能力极差
FCT(Rack and Stack)	对模拟板很有用,当和 IEEE 或 VXI 仪器一同工作时是很好的工具	会找不到 ICT 可找出的故障,其包含短路及 SAO/SAI 故障,对找出故障位置能力极差,对快速数字组件测试能力不强
ICT 和 FCT 结合	有 ICT 和 FCT 之优点,一次只能测一片印制电路板,测试机需要特殊的专业知识及备份零件,能同时进行一连串 ICT 及 FCT	费用昂贵,可能造成测试速度瓶颈

134

6.2 SMT 产品质量检测的内容

SMT 检测技术的内容很丰富，基本内容包含可测试性设计、原材料来料检测、工艺过程检测和组装后的组件检测等。

可测试性设计主要为在线路设计阶段进行的 PCB 电路可测试性设计，它包含测试电路、测试焊盘、测试点分布、测试仪器的可测试性设计等内容。原材料来料检测包含 PCB 和元器件的检测，以及钎剂、钎剂等所有 SMT 组装工艺材料的检测。工艺过程检测包含印刷、贴片、焊接和清洗等各工序的工艺质量检测。组件检测和组件外观检测、焊点检测、组件性能测试和功能测试等。

6.2.1 SMT 测试设计

在市面上有无数的测试技术及设备来供测试工程师选用，以达到利用最少花费完成最多样的测试。然而，"理想"的测试则需综合考虑以下各项因素：基板产量、复杂度及尺寸、技术之应用（RF、CPU 或模拟式）、测试预算以及不论是否要用上的为测试而设计的理念。

在设计某测试流程时，工程师有许多选择，从单一测试机台到一整个测试工厂都有。有许多型态的 ATE 机台可选择，无论是直接购买或是专门设计都有。然而其测试的两个主要目的是不变的：首先必须能很迅速地判断印制电路板是好是坏，其次能立即判断是哪一组件毁坏也或是其他原因。既然在测试市场上早已有现成的测试机台可以符合需求，我们只要选择合适的来使用即可。

以下的步骤可供测试工程师建立一最佳的测试方式，在表面贴装组件的组装在线（无论是新线或是刚由插件转移过来）。因为对一插件业者而言是不会没有测试设备的，而这种设备也可用于表面贴装组件。然而对于测试目标及策略方式则必须要小心的选定，对故障清单的预测相对于产量、尺寸、复杂度、顺从 DFT 及 UUT 技术。

（1）选择测试策略

几乎所有的测试都包含了 ICT 及 FCT 两者，因此决定 MDA 或是 ICT 的设备哪一种能胜任工作，或是使用 Mock-Up FCT 会比 ATE FCT 更省钱。

最终的策略必须能符合所有要测试的范围，不需要重复付出的费用（如夹具及撰写程序），需要重复付出的费用（测试人工及错误维修人员），印制电路板储运方式及有效率的信息回报。

（2）选择测试设备

花钱去买或建立一套测试设备，但却无法因这台设备而回收其投资的钱，这是谁也不会去做的事。所以在决定要投资测试设备之前必须先了解要买什么样的设备，这设备要多久才能回收其投入的资金。

（3）采购夹具及程序

这是任何计划成功的关键，这事可以由公司内部的技术人员来完成，也可以交给外界专业测试公司来协助完成。

（4）整合测试设备及被测试板

使用一些已知状况良好的板子对测试机台进行测验，以确定其测试是可以重复进行的。

同时也要测验一些已知故障组件位置的印制电路板，已确认机台可以侦测出且指出故障之组件。

（5）试车

在进行原型测试时要小心确认 PCB 是否经过完整的检测，并了解哪些缺陷没有被 ICT 或 FCT 检测出来。因为 ICT 的测试成本远低于 FCT，所以要尽可能在最初就把 ICT 机器调整到能查出最多的故障。同样地，也要研究如何在 FCT 检测时，就把问题找出来而不要等到系统测试时再去发现问题。所有的问题都必须告知制程单位，如此才能调整放置位置及焊接程序以求最高良率。

（6）测试流程的确认

精细调整制程以维持生产。最后，测试过程必须进行再一次的检讨，以确定其为最好的测试时机、处置方式、找寻故障点方式等，才能达到最高效率。而这些信息也都要告知量产单位。

（7）反馈与改进

不断改进、重复步骤（6），才能达到最佳的测试方式、设备及人员。保持将信息回馈给量产单位，才能保持高的生产良率。

6.2.2　来料检测

来料检查对于电子产品的生产和质量保证具有至关重要的作用，来料检测的主要内容和基本检测方法如表 6-2 所示。

表 6-2　来料检测的主要内容和基本检测方法

检 测 项 目		检 测 方 法
元器件	焊接性	湿润平衡试验、浸渍测试仪
	引线共面性	光学平面检查，贴片机共面性检测装置
	使用性能	抽样检测
PCB	尺寸与外观检查翘曲和扭曲	目检、专业量具
	阻焊膜质量和完整性	热应力测试
	焊接性	旋转浸渍测试、波峰钎料浸、渍测试、钎料珠测试
钎剂	金属百分比	加热分离称重法
	黏度	旋转式黏度计
	粉末氧化均量	俄歇分析法
钎料	金属污染量	原子吸附测试
钎剂	活性	铜镜试验
	浓度	比重计
	变质	目测颜色
粘合剂	黏性	黏结强度试验
清洗剂	组成成分	气体包谱分析

（1）元器件来料检测

1）元器件性能和外观质量检测。

元器件性能和外观质量对 SMA 的可靠性有直接影响，来料首先要根据有关标准和规范对元器件进行检查。并要特别注意元器件的性能、规格和包装等是否符合订货要求，是否符合产品性能指标要求，是否符合组装工艺和组装设备生产要求，是否符合存储要求等。

2）元器件焊接性检测。

元器件引脚（电极端子）的焊接性是影响 SMA 焊接可靠性的主要因素，导致焊接性发生问题的主要原因是元器件引脚表面氧化。由于氧化较易发生，为保证焊接可靠性，一方面要采取措施防止元器件在焊接前长时间暴露在空气中，并避免其长期储存等；另一方面在焊前要注意对其进行焊接性测试，以利及时发现问题和进行处理。

焊接性测试最原始的方法是目测评估，基本测试程序为：将样品浸渍与钎剂，取出去除多余钎剂后再浸渍于熔融钎料槽，浸渍时间达实际生产焊接时间的两倍左右时取出进行目测评估。这种测试试验通常采用浸渍测试仪进行，可以按规定精确控制样品浸渍深度、速度和浸渍停留时间。

定量焊接性测试方法有焊球法、润湿平衡试验法等。

3）元器件引脚共面性检测。

表面组装技术是在 PCB 表面贴装元器件。为此，对元器件引脚共面性有比较严格的要求，一般规定必须在 0.1mm 的公差区内。这个公差区由两个平面组成，一个是 PCB 的焊区平面，一个是器件引脚所处平面。如果期间所有引脚的三个最低点所处同一个平面与 PCB 的焊区平面平行，各引脚与该平面的距离误差不超过公差范围，则贴装和焊接可以可靠进行，否则可能会出现引脚虚、缺焊等焊接故障。

元器件引脚共面性检测的方法较多，最简单的方法是将元器件放在光学平面上，用显微镜测量非平面的引脚与光学平面的距离。目前使用的高精度贴片系统，一般都有自带机械视觉系统，可在贴片之前对元器件引脚共面性进行自动检测，将不符合要求的元器件排除。

（2）PCB 来料检测

1）PCB 尺寸与外观检测。

PCB 尺寸检测内容主要有加工孔的直径、间距及其公差、PCB 边缘尺寸等。

外观缺陷检测内容主要有：阻焊膜和焊盘对准情况；阻焊膜是否有杂质、剥离、起皱等异常情况；基准标记是否合格；电路导体宽度（线宽）和间距是否符合要求；多层板是否有剥层等。实际应用中，常采用 PCB 外观测试专用设备对其进行检测。典型设备主要由计算机、自动工作台、图像处理系统等部分组成。这种系统能对多层板的内层和外层、单/双面板、底图胶片进行检测；能检出断线、搭线、划痕、针孔、线宽线距、边沿粗糙及大面积缺陷等。

2）PCB 的翘曲和扭曲检测。

设计不合理和工艺过程处理不当都有可能造成 PCB 的翘曲和扭曲，其测试方法在 IPC-TM-650 等标准中有规定。测试原理基本为：将被测试 PCB 暴露在组装工艺具有代表性的热环境中，对其进行热应力测试。典型的热应力测试方法是旋转浸渍测试和钎料漂浮测试，在这种测试方法中，将 PCB 浸渍在熔融钎料中一定时间，然后取出进行翘曲和扭曲检测。

人工测量 PCB 翘曲度的方法是：将 PCB 的三个角紧贴桌面，然后测量第四个角距桌面的距离。这种方法只能进行粗略测估，更有效的方法还有波纹映像方法等。

3）PCB 的焊接性测试。

PCB 的焊接性测试重点是焊盘和电镀通孔的测试，IPC-S-804 等标准中规定有 PCB 的焊接性测试方法，它包含边缘浸渍测试、旋转浸渍测试和钎料珠测试等。边缘浸渍测试用于测试表面导体的焊接性，旋转浸渍测试和波峰浸渍测试用于表面导体和电镀通孔的焊接性测试，钎料珠测试仅用于电镀通孔的焊接性测试。

4）PCB 阻焊膜完整性测试。

在 SMT 用的 PCB 上一般采用干膜阻焊膜和光学成像阻焊膜，这两种阻焊膜具有高的分辨率和不流动性。干膜阻焊膜是在压力和热的作用下层压在 PCB 上的，它需要清洁的 PCB 表面和有效的层压工艺。这种阻焊膜在锡-铅合金表面的黏性较差，在再流焊产生的热应力冲击下，常常会出现从 PCB 表面剥层和断裂的现象；这种阻焊膜也较脆，进行整平时受热和机械力的影响下可能会产生微裂纹；另外，在清洗剂的作用下也有可能产生物理和化学损坏。为了暴露干膜阻焊膜这些潜在的缺陷，应在来料检测中对 PCB 进行严格的热应力试验。这种检测多采用钎料漂浮试验。

5）PCB 内部缺陷检测。

检测 PCB 的内部缺陷一般采用显微切片技术，其具体检测方法在 IPC-TM-650 等相关标准中有明确规定。PCB 在钎料漂浮热应力试验后进行显微切片检测，主要检测项目有铜和锡-铅合金镀层的厚度、多层板内部导体层间对准情况、层压空隙和铜裂纹等。

（3）SMT 辅料来料检测

1）钎剂检测。

钎剂来料检测的主要内容有金属百分含量、钎料球、黏度和金属粉末氧化物含量等。

2）钎料合金检测。

SMT 工艺中一般不要求对钎料合金进行来料检测，但在波峰焊接和引脚浸锡工艺中，钎料槽中的熔融钎料会连续溶解被焊接物上的金属，产生金属污染物并使钎料成分发生变化，最后导致不良焊接。为此，要对其进行定期检测，检测周期一般是每月一次或按生产实际情况决定，检测方法有原子吸附定量分析法等。

3）钎剂检测。

水筟取电阻率试验。水筟取电阻率试验主要测试钎剂的离子特性，其测试方法在 QQ-S-571 等标准中有规定，非活性松香剂（R）和中等活性松香钎剂（RMA）水筟取电阻率应不小于 $100000\Omega \cdot cm$；而活性钎剂的水筟取电阻率小于 $100000\Omega \cdot cm$，不能用于军用 SMA 等高可靠性要求电路组件。

4）其他来料检测。

① 粘合剂检测。粘合剂检测主要是黏性检测，应根据有关标准规定检测粘合剂把 SMD 黏结到 PCB 上的黏结强度，以确定其是否能保证被黏结元器件在工艺过程中受震动和热冲击不脱落，以及粘合剂是否有变质现象等。

② 清洗剂检测。清洗过程中溶剂的组成会发生变化，甚至会变成易燃的或腐蚀性的，同时会降低清洗效率，所以需要定期对其进行检测。清洗剂检测一般采用气体色谱分析（GC）方法进行。

6.2.3 组装质量检测技术

图 6-4 是具有代表性的包含组装过程检测环节的 PCB 表面组装工艺流程。作为品质管

理的目标是不要把生产线上出现不良的电路板放至后工序，而是在各个制造工位后设置专用检测设备，及时检测、发现和修正不良现象。

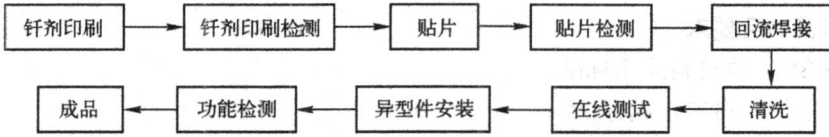

图 6-4　典型的表面组装与检测工艺流程

其中贴片检测是保证电子产品质量的重要步骤，组装工艺过程检测的主要检查项目如表 6-3 所示。

表 6-3　组装工艺过程中的主要检查项目

组装检测工序	工序管理项目	检查项目
PCB 来料检测	表面污染，损伤、变形	入库/进厂时检查、投产前检查
钎剂印刷检测	网板污染，钎剂印刷量、膜厚	印刷错位、模糊、渗漏、膜厚
点胶检测	点胶量、温度	位置、拉丝、溢出
SMD 贴装	元器件有无位置、极性装反	贴装质量检测
回流焊	温度曲线设定、控制	焊点质量
贴片胶固化	温度控制	黏结强度
焊后外观检查	基板受污染程度，钎剂残渣，组装故障	漏装、翘立、错位、贴错（极性）、装反、引脚上浮、湿润不良、漏焊、桥连、钎料过量、虚焊（少钎料）、钎料珠
电性能检测	在线检测	短路、开路
	功能检测	制品固有特性

其中的贴片检测包含组件质量外观检测、焊点质量检测等。

（1）组件质量外观检测

SMT 组件贴装质量外观检测是对贴装有 SMC/SMD 的 PCB 可视质量进行检测，检测内容包含元器件漏装、翘立、错位、贴错（极性）、装反、引脚上浮、润湿不良、漏焊、桥连、钎料过量、虚焊（少钎料）、钎料珠等。最简单的方法是借助光学设备的图形放大目测技术。

图形放大目测技术所采用的设备简单，可用一般光学放大镜，也可采用配有 CCD 摄像机和显示器的光学检测系统。这种检测方法采用人眼观测，或应用摄像机和计算机模拟人工目测，有计算机对焊点外观特征的二维、三维图像的灰度级进行处理来判断 SMA 和焊点外观缺陷。它只能检测可视焊点外观缺陷情况，检测速度慢，检测精度有限。但由于其检测方便、成本低，在 SMA 组件的常规检测中被广泛应用。

（2）焊点质量检测

简单的焊点质量检测可借助光学显微设备的显示放大目测检测技术和 AOI 技术，除此之外，常用的焊点检测技术主要有激光/红外检测、X 射线检测、超声波检测、图像比较AOI 技术等。

6.3 实训1 原材料质量标准及检测

1. 实训目的及要求

1）熟悉 SMT 原材料质量标准。

2）熟练掌握原材料检测方法。

3）熟练地对元器件和 PCB 的可焊接性、共面性、性能进行检测。

4）熟练掌握检测工具的使用。

2. 实训器材及软件

1）光学放大镜   一套。

2）游标卡尺   一套。

3）万用表   一套。

4）SMT 元器件、PCB   若干。

3. 相关知识点

AOI 的全称是 Automatic Optic Inspection（自动光学检测），是基于光学原理来对焊接生产中遇到的常见缺陷进行检测的设备。各个公司生产的 AOI 设备其基本原理是相同的，即用光学手段获取被测物体图形，一般通过一传感器（摄像机）获得检测物体的照明图像并经过数字化处理，然后以某种方法进行比较、分析、检验和判断，相当于将人工目视检测自动化、智能化。

AOI 设备配置有光源（一般是 LED 光源），利用 CCD 收集其反射光，得到 PCB 上元器件的图像信息，CCD 再将得到的图像光信号转换成离散的数字信号存入计算机中，通过专用软件对获得的图片进行分析处理，完成对 PCBA 元件的检测判断。

AOI 系统的结构如下。

AOI 系统是涉及多学科的精密设备。AOI 系统按技术可划分为精密机械、电气控制、图像处理（CCD 摄像或叫视觉系统）系统、软件系统四大部分，在各主要模块中根据需要还可以进行功能划分。

（1）精密机械系统模块

在每一块 PCB 检测时，AOI 系统的工作台都要自动运动到摄像头位置，进行图像摄取动作。即使程序已经设置了与这些动作有关的数据，但如果因机械运动精度发生变化等原因，使其中的参数发生了改变，也会导致不能完成正确的检测过程。为实现精密工作台准确运行，采用由交流伺服电机驱动精密滚珠丝杠，滚动直线导轨导向，实现位置闭环控制。

（2）CCD 摄像系统模块

CCD 摄像系统主要由摄像头、图像卡、LED 程控光源组成。LED 是一种固态的半导体器件，叫发光二极管，它可以直接把电转化为光。摄像头所获取的视频图像信号传送到图像采集卡上，由控制图像采集卡完成图像采集，主控计算机将采集的视频图像处理后，将结果返回给主控程序，通过显示器就可以对图像进行实时观测并完成其他相应的控制过程。

在 AOI 的 CCD 摄像系统中，光学照明是由 LED 光源完成的，其主要功能是控制光源的开关、亮度和照射方向。CCD 摄像系统可以通过人机界面控制系统进行图像实时采集、关闭采集、读入图像、显示图像等功能。人机界面系统发送作业命令时，由 CCD 摄像系统实现自动扫描。该摄像系统能够有效识别各种状态的 PCB。

（3）控制系统

AOI 的控制系统主要完成：x 和 y 精密工作台作μm 级精度运动控制、z 轴方向（CCD 摄像系统）运动控制、图像采集、PCB 的自动定位、真空电磁阀自动控制等功能。

AOI 的控制系统由主控计算机、运动控制卡、图像卡、I/O 接口板等组成，实现三坐标和外围 I/O 接口控制，保证运动的准确性和快速响应性，配合机械、视觉模块实现整机功能。主控计算机是整个控制系统的核心，实现整机数据的采集传送、分析处理功能，并向各部分发出指令，完成机械传动、图像处理及检测功能。运动控制卡主要实现三坐标运动控制信号的采集、传送各种加工数据、过作执行指令功能等。图像卡主要是完成 PCB 的图像采集转换。

（4）软件系统

AOI 系统软件有强大的安全保护和平稳的数据库、网络支持等特性。软件的核心由运动控制、视觉处理及算法三大部分组成，用户可通过视窗界面完成各种运动控制、视觉识别；AOI 系统软件支持工艺数据编程，可实现工艺编程的所见即所得的特性；同时软件支持多种方式的操作模拟与仿真，使操作人员在批量操作前验证和测试操作数据，避免出现漏检和误检。作为功能选项软件还可提供与多种电路设计 CAD 软件的接口，能自动从设计文件到模板文件，提高操作人员的编程效率，具有良好的运行性能和符合人机工程学原理的界面。

AOI 系统的工作机理如下。

下面 5 个图详细表示了 AOI 系统的工作机理。图 6-5 表示 AOI 摄像机采集图形信号，经过模/数转换，生成二进制数字信号过程的示意图。图 6-6 表示扫描 PCB 后经数模转换获得的二进制条码送往逻辑硬件进行分析示意图。图 6-7 表示实际的板经扫描后、再经过分析重构后形成的二进制图形。图 6-8 表示将建立的二进制条码和设计规则检验（Design-rule check，DRC）的相关参数通过对北文件进行逻辑分析。图 6-9 表示用设计规则检验（DRC）的方法，通过逻辑分析检测图形，就能够识别和发现 PCB 上的缺陷，实现自动检测发现问题的目的。

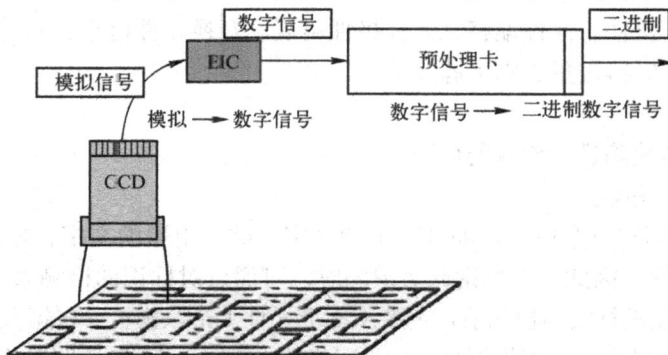

图 6-5　AOI 的数据采集与模数转换过程

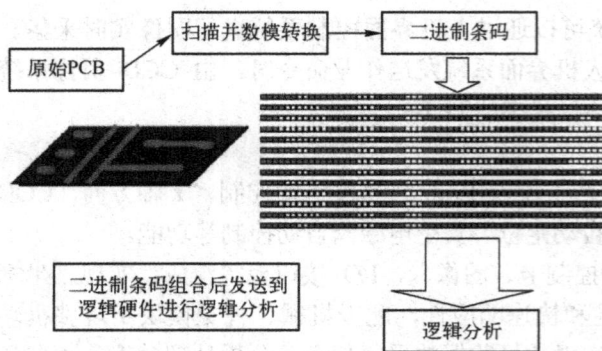

图 6-6 表示对采集的数据进行特定处理

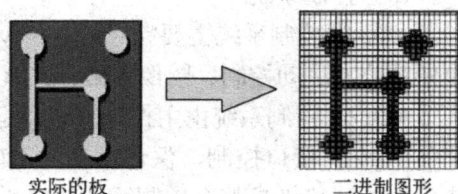

图 6-7 采集的数据"二值化"后的重构案例

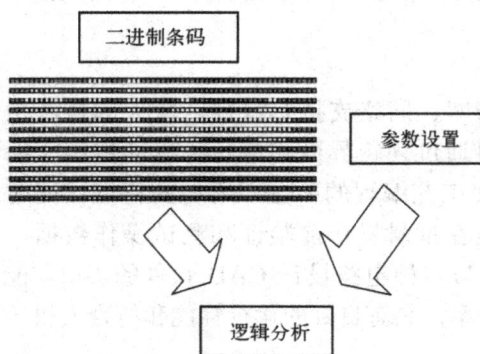

图 6-8 AOI 的逻辑分析过程

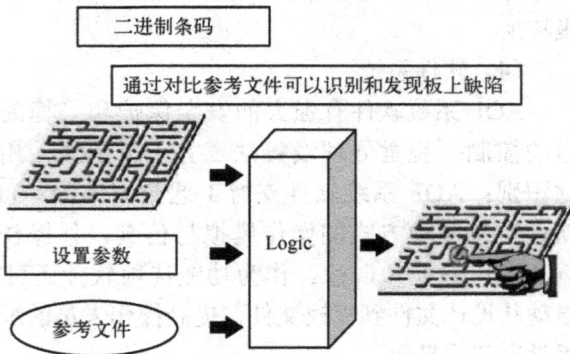

图 6-9 AOI 的错误定位

AOI 检测范围如下。

按测试时的相对运动方式分类：电路板固定、摄像头或扫描仪移动，摄像头和电路板各往一个方向运动，摄像头固定、电路板进行两个方向的运动。由此可以将 AOI 分为三种机型：回流炉前无气源，电路板固定，元件检测为主，连焊检测为辅；回流炉后使用，需要气源，电路板动，进行元件、焊点、连焊检测；可兼容以上两项的检测，无气源，电路板固定不动。

1）AOI 系统的检测范围。

AOI 设备一般能对 SMT 生产过程中经常遇到的如下问题进行检测。

① 元件丢失、错件、元件偏移、元件极性错误、互换元件检查、立碑。

② 钎料不足、钎料过量、脚上翘。

③ 连焊。

2）AOI 对各类缺陷进行检测的原理。

① 对于第一类缺陷。

绝大多数元件都有一个标识，如 IC 上的文字、贴片电阻的文字、贴片电容的颜色、极性元件的极性标志等。因此，在判别此类缺陷时，可通过对标识的检测来进行判断。

具体方法为：在进行实际检测前，需要从标准元件上拾取模板。根据模板的尺寸，计算机自动将其等分为多个像素，计算机把每个像素对光照（黄色的 LED 照明矩阵）的反射强度量化为 256 级灰度（0～255）中的一级，并统计出整个模板所包含的像素及各自对应的灰度值。

142

在实际检测时，计算机同样拾取元件的图像，并量化各像素的灰度，将之与原先的模板进行一一对应的比较，最后根据总的重合程度得出检测的分值（1000 为完全重合，0 为完全不重合）。可根据 SMT 的工艺及元器件供应商的情况来确定元件通过检测的分值。例如 650 为通过分值，则当检测分值为 600 时，系统认为有缺陷，并记录报警。

在检测完成后，根据实际的要求，可以选择直接送出有缺陷的 PCB，也可在 AOI 上直接观察缺陷情况并进行缺陷定义，以便 SPC 报表统计输出。

第一类缺陷在标识测试中的分值变化明显，测试的效果显著。

② 对于第二类缺陷。

该类缺陷属于焊接缺陷。

在焊接良好的情况下，钎料应分布在元件引脚和焊盘之间的位置。由于元件引脚存在高度，钎料的分布应为斜坡状。于是，垂直向下的光线（红色 LED 照明矩阵）照到钎料后便被侧向反射了，表现在摄像头中的图像，便是黑色。而焊盘及引脚无钎料的部位则为发亮的白色。

根据工艺的要求，事先设定钎料的检测区域，并设定白色所占区域的百分比，从而判别出是否存在焊接缺陷。

③ 对于第三类缺陷。

元件如果是很好地焊接在焊盘上，则各个引脚间是良好隔离的。如果引脚连焊或有异物，良好的间隔将被破坏。

在固定光源（黄色的 LED 照明矩阵）的照射下，如果摄像头捕捉到的 IC 引脚有明显的均匀的明、亮间隔，这说明各引脚之间是良好隔离的，否则引脚有连焊或引脚间有异物。通过事先设定引脚的间距，并设置测量的允许误差，系统便会自动判别引脚是否连焊或有异物。

4. 实训内容及步骤

（1）元器件来料检查

识别不同种类 SMT 元器件：贴片电阻、贴片电容、二极管、晶体管、IC 等，用检测工具对元器件的各项技术参数进行初步判断。

1）测试贴片电阻。

① 识别片式电阻器的参数标注方法并测试电阻值。

② 识别在料盘上采用字母加数字表示的电阻器并测试电阻值。

③ 识别采用文字符号法和数码法标注的片式电阻器并测试电阻值。

2）测试贴片电容。

① 识别采用直标法或数码法或单独使用某种颜色等方法来标注参数的片状电容器，并用万用表进行测试电容好坏。

② 识别英文字母加数字的片状电容器，并用万用表进行测试电容好坏。

3）测试片状电感器。

识别片状电感器的标注方法，并用万用表测试电感好坏。

4）识别片状集成电路的引脚。

5）识别片状二极管、晶体管的极性并用万用表测试好坏。

（2）测试元器件和 PCB 的共面性

1）用光学放大镜和参考平面测试 IC 引脚的共面性。

2）用光学放大镜和参考平面测试 PCB 的共面性。

（3）测试元器件引脚焊接性

1）目测元器件引脚氧化程度。

2）采用浸渍测试对引脚进行焊接性测试。

5．实训结果及数据

1）成功读出 SMT 各种元器件的参数标注。

2）熟练使用万用表对电阻、电容、电感好坏进行简单测试。

3）正确辨别 IC 的引脚。

4）能使用光学放大镜对 SMT 元器件引脚的共面性进行测试。

5）能对 PCB 的共面性进行简单判定。

6）能采用浸渍测试对引脚进行焊接性测试。

6．考核标准（见表 6-4）

表 6-4　考核标准

序号	考核内容	配分	评分标准	考核记录	扣分	得分
1	成功读出 SMT 各种元器件的参数标注	20	熟悉元器件标注			
2	熟练使用万用表对电阻、电容、电感好坏进行简单测试	20	准确测试 SMT 元器件参数			
3	正确辨别 IC 的引脚	20	正确辨别 IC 引脚			
4	能使用光学放大镜对 SMT 元器件引脚和 PCB 的共面性进行测试	20	能完成共面性测试			
5	能采用浸渍测试对引脚进行焊接性测试	20	安全对引脚进行焊接性测试			
6	分数总计	100				

6.4　实训 2　贴片质量检测及手工维修

1．实训目的及要求

1）熟悉 SMT 贴片质量标准。

2）熟悉 SMT 贴片产生的各种缺陷。

3）能分析出不同缺陷产生的原因。

4）能对缺陷进行简单维修。

5）能通过调整设备参数和改进工艺减少缺陷。

2．实训器材及软件

1）SMT 生产线设备（上板机、钎剂印刷机、贴片机、回流焊接机）　　一套。

2）SMT 半成品、产品　　　　　　　　　　　　　　　　　　　　　　若干。

3）SMT 维修工具　　　　　　　　　　　　　　　　　　　　　　　一套。

3．相关知识点

（1）SMT 的钎剂印刷检验标准和红胶印刷检验标准

如图 6-10 和图 6-11 所示，在印刷好钎剂和红胶后，需要进行初步检测，避免有缺陷的半成品流入下一个工序。通过检测及时调整印刷设备的工艺，可以有效提高产品质量，保证焊点品质。

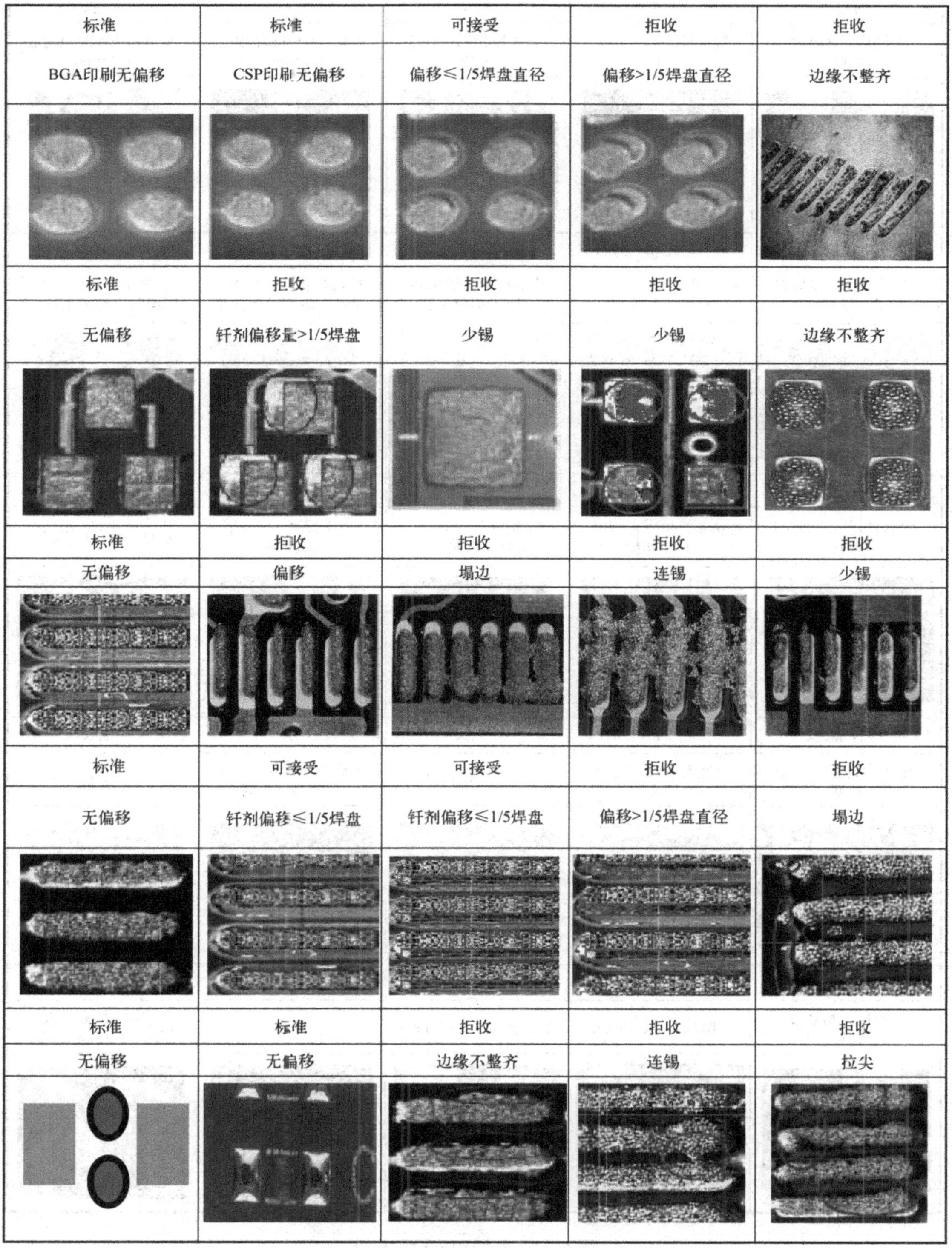

标准	标准	可接受	拒收	拒收
BGA印刷无偏移	CSP印刷无偏移	偏移≤1/5焊盘直径	偏移>1/5焊盘直径	边缘不整齐
标准	拒收	拒收	拒收	拒收
无偏移	钎剂偏移量>1/5焊盘	少锡	少锡	边缘不整齐
标准	拒收	拒收	拒收	拒收
无偏移	偏移	塌边	连锡	少锡
标准	可接受	可接受	拒收	拒收
无偏移	钎剂偏移≤1/5焊盘	钎剂偏移≤1/5焊盘	偏移>1/5焊盘直径	塌边
标准	标准	拒收	拒收	拒收
无偏移	无偏移	边缘不整齐	连锡	拉尖

图 6-10　钎剂印刷检验标准

标准	允收	允收	拒收	拒收
无偏移、无基板紧贴 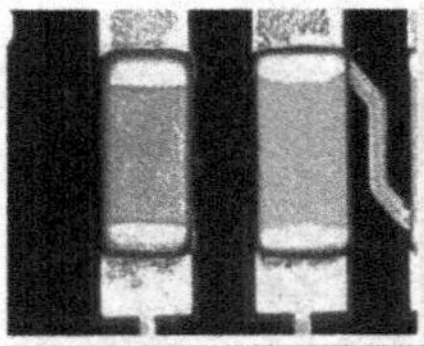	偏移量C≤1/4W或1/4P 	偏移量C≤1/4W或1/4P 	元件与基板间隙超过0.15mm 	元件与基板间隙超过0.15mm 

标准	允收	允收	拒收	拒收
胶无偏位、量均匀、量足 	C<1/4P，且胶均匀，推力满足要求	成形略佳、胶稍多，但不形成溢胶 	胶偏移量大于1/4P、溢胶，致焊盘被污染 	胶量不足、印刷不均匀、推力不足 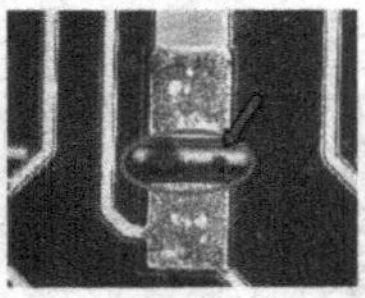

标准	允收	允收	拒收	拒收
胶量适中、元件无偏移 	胶稍多，但未粘到焊盘与元件脚 	偏移量C≤1/4W或1/4P、胶量足 	胶溢至焊盘上、元件引脚有脚 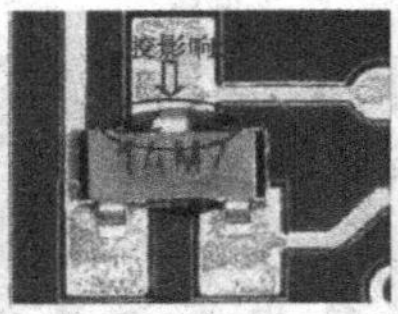	胶偏移量在1/4以上 

标准	标准	允收	拒收	拒收
元件无偏位、胶量标准 	元件无偏位、胶量标准 	偏移量C≤1/4W 	红胶不可溢胶致元件端面与焊盘间 	C>1/4W 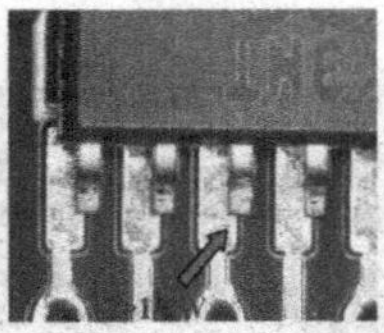

标准	拒收	拒收	拒收	拒收
无偏移、与基板紧贴 	距离小于0.13mm 	距离小于0.13mm 	假焊 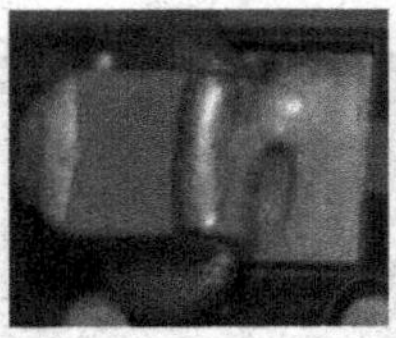	元件从本体算起，浮高≤0.15mm为良品 

图 6-11　红胶印刷检验标准

（2）SMT 缺陷手工返修

当完成 PCB 的检查后，发现有缺陷的 PCB 就需要进行维修，公司返修 SMT 的 PCB 有两种方法。一是采用恒温烙铁（手工焊接）进行返修，二是采用返修工作台（热风焊接）进行返修。不论采用哪种方式都要求在最短的时间内形成良好的焊接点。因此当采用烙铁时要求在少于 5s 的时间内完成焊接点，最好是大约 3s。焊接过程如图 6-12 所示。

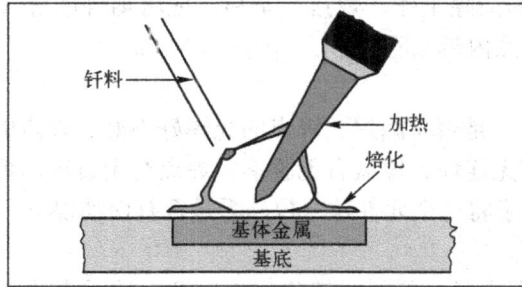

图 6-12　返修焊接过程

1）铬铁返修法即手工焊接。

新烙铁在使用前的处理：新烙铁在使用前先给烙铁头镀上一层钎料后才能正常使用，当烙铁使用一段时间后，烙铁头的刃面及周围就产生一层氧化层，这样便产生"吃锡"困难的现象，此时可锉去氧化层，重新镀上钎料。

2）焊接步骤。

焊接过程中，工具要放整齐，电烙铁要拿稳对准。一般接点的焊接，最好使用带松香的管形钎料丝。要一手拿电烙铁，一手拿钎料丝。

清洁烙铁头→加温焊接点→熔化钎料→移动烙铁头→拿开电烙铁

方法 1：快速地把加热和上锡的烙铁头接触带芯锡线，然后接触焊接点区域，用熔化的钎料帮助从烙铁到工件的最初热传导，然后把锡线移开将要接触焊接表面的烙铁头。

方法 2：把烙铁头接触引脚/焊盘，把锡线放在烙铁头与引脚之间，形成热桥；然后快速地把锡线移动到焊接点区域的反面。

但在产生中通常有使用不适当温度、太大压力、延长据留时间，或者三者一起而产生对PCB 或元器件损坏的现象。

3）焊接注意事项。

a) 烙铁头的温度要适当，不同温度的烙铁头放在松香块上，会产生不同的现象，一般来说，松香熔化较快又不冒烟时的温度较为适宜。

b) 焊接时间要适当，从加热焊接点到钎料熔化并流满焊接点，一般应在几秒钟内完成。如果焊接时间过长，则焊接点上的钎剂完全挥发，就失去了助焊作用。焊接时间过短则焊接点的温度达不到焊接温度达不到焊接温度，钎料不能充分熔化，容易造成虚假焊。

c) 钎料与钎剂使用要适量，一般焊接点上的钎料与钎剂使用过多或过少会给焊接质量造成很大的影响。

d) 防止焊接点上的钎料任意流动，理想的焊接应当是钎料只焊接在需要焊接的地方。在焊接操作上，开始时钎料要少些，待焊接点达到焊接温度，钎料流入焊接点空隙后再补充钎料，迅速完成焊接。

e）焊接过程中不要触动焊接点，在焊接点上的钎料尚未完全凝固时，不应移动焊接点上的被焊器件及导线，否则焊接点要变形，出现虚焊现象。

f）不应烫伤周围的元器件及导线，焊接时要注意不要使电烙铁烫周围导线的塑胶绝缘层及元器件的表面，尤其是焊接结构比较紧凑、形状比较复杂的产品。

g）及时做好焊接后的清除工作，焊接完毕后，应将剪掉的导线头及焊接时掉下的锡渣等及时清除，防止落入产品内带来隐患。

4）焊接后的处理。

当焊接后，需要检查：是否有漏焊、焊点的光泽好不好、焊点的钎料足不足、焊点的周围是否有残留的钎剂、有无连焊、焊盘有无脱落、焊点有无裂纹、焊点是不是凹凸不平、焊点是否有拉尖现象。用镊子将每个元件拉一拉，看是否有松动现象。

5）拆焊。

a）烙铁头加热被拆焊点时，钎料一熔化，就应及时按垂直线路板的方向拔出元器件的引线，不管元器件的安装位置如何，是否容易取出，都不要强拉或扭转元器件，以免损坏电路板和其他元器件。

b）拆焊时不要用力过猛，用电烙铁去撬和晃动接点的作法很不好，一般接点不允许用拉动、摇动、扭动等办法去拆除焊接点。

c）当插装新元器件之前，必须把焊盘插线孔内的钎料清除干净，否则在插装新元器件引线时，将造成线路板的焊盘翘起。

（3）BGA 返修工作台的返修

返修工作台主要针对 BGA 封装的器件进行返修，可拆、焊 SOIC、QFP、PLCC、BGA 等各种 SMD 器件；可模拟事先设定的再流焊温度曲线对 PCB 局部加热，返修时不会损坏 PCB 和元器件；采用光学对准，配有底部和侧面光学镜头，可精确贴装包括 BGA 在内的各种 IC 器件。配有 METCAL Smart Heat 居里点温控智能型返修系统和吸锡系统。图 6-13 为 ZM-R6821 BGA 光学返修台。其主要的特点如下。

图 6-13　ZM-R6821 BGA 光学返修台

1）独立的三温区控温系统。上下温区为热风加热。IR 预热区为红外加热。上下温区可从元器件顶部及 PCB 底部同时进行加热。

2）精确的光学对位系统。采用高清可调的 CCD 彩色光学视觉对位系统，具有分光、放大、缩小和微调功能。并配有自动色差分辨和亮度调节装置可调节成像清晰度。

3）优越的安全保护功能。经过 GE 认证，设有急停开关和异常事故自动断电保护装置。焊接或拆焊完毕后具有报警功能。在温度失控情况下，电路能自动断电，具有双重超温保护功能。

利用返修工作台主要是对 QFP、BGA、PLCC 等元器件的缺陷而手工无法进行返修时采用的方法，它通常采用热风加热法对元器件焊脚进行加热，但须配合相应喷嘴。较高级的返修工作台其加温区可以做出与回流炉相似的温度曲线。

4．实训内容及步骤

1）对有缺陷的钎剂印刷板和红胶印刷板进行质量判别，判定为：标准、可接受或拒收。

2）通过调整丝印网；改善印刷方式、力度，重新准备钎剂和红胶等方式来改善印刷质量。

3）对通过回流炉焊接的 PCB 半成品焊点按照质量标准进行质量判定，判定为：标准、可接受或拒收。

4）通过改善回流炉的温度曲线参数来改善焊点质量。

5）通过电烙铁对有缺陷的焊点进行手工维修。

6）通过光学返修台对有缺陷的 BGA 芯片半成品、密脚 IC 进行拆卸。

5．实训结果及数据

1）熟练判定钎剂和红胶印刷质量。

2）能通过调整丝印网改善印刷质量。

3）熟练判定焊点质量。

4）能通过调整回流炉温度曲线改善焊点质量。

5）通过电烙铁熟练进行手工缺陷维修。

6）熟练使用返修台对高密度 IC 进行返修。

6．考核标准（见表 6-5）

表 6-5　考核标准

序号	考核内容	配分	评分标准	考核记录	扣分	得分
1	熟悉 SMT 印刷和焊点质量标准	20	正确判定工艺质量			
2	熟练调整设备来改善 SMT 质量	20	熟练调整设备技术测试			
3	熟练使用各种返修工具	20	能正确使用各种工具			
4	熟练使用返修台	20	能用返修台拆卸 IC			
5	对 SMT 质量控制有初步意识	20	对 SMT 质量标准有基本认识			
6	分数总计	100				

6.5　实训 3　SMT 产品的清洗

1．实训目的及要求

1）熟悉 SMT 各种辅料产生污染物的原因。

2）熟悉 SMT 清洗流程。

3）能分析出清洗是否完成污染物去除。

4）能熟练使用清洗设备和工具。

5）能通过清洗工艺改善 SMT 产品缺陷。

2．实训器材及软件

1）SMT 生产线设备（上板机、钎剂印刷机、贴片机、回流焊接机）　一套。

2）SMT 半成品、产品　　　　　　　　　　　　　　　　　　　　　若干。

3）SMT 清洗工具及辅料　　　　　　　　　　　　　　　　　　　一套。

3．相关知识点

（1）SMT 清洗技术概述

1）污染物的来源。

PCB 上的残留物污染通常可以区分为两类：离子及非离子的。离子残留物在湿气的环境下会导电造成钎料接点的短路及腐蚀。非离子残留物其表现就如同绝缘体一样，举例而言它们可能会妨碍电流通过联结器，或是其他同样类型用来相互连通的接点。传统以松香为基材的钎剂同时包含了离子（活化物）及非离子（松香）两种残留物，至于污染物，除了钎剂以外还有许多来源，其中也包含了在制造 PCB 的过程中所使用含有大量离子及侵蚀性的物质。

空 PCB 的另一种污染物则来自包装、储存、运输、收货及再储存等，因此在组装时即使是收货时就已证实 PCB 本身很干净，但当板子一旦暴露在升高的温度下板子还是有可能会跑出一些含离子的物质。组件有时会储存在"干净"的地区好几个月才有机会拿出来使用。板子在通过插件及焊接时，从一站移往下一站中都有可能会受到伤害。即使在工作人员都戴上手套，其清洁程度也只和工作人员相同，而他们可能也是离子的污染源之一。

2）从溶剂到设备。

如何为一特定制程选择合适的成分并不是一件容易的事，就实际而言，以溶液清洗的效果完全视所使用的钎剂种类、制程时间及温度、基板设计、组件（布线）密度、组件种类、产量设计、清洗设备及制程参数（甚至包含了喷嘴造型及压力）而定。

一旦确定要使用哪一种化学溶剂，就可以选定要使用哪一种机器设备、制程及参数设定：单机或是联机、清洗时间及温度、喷洒角度及压力、输送带速度、进水质量、干燥时间及温度及为了使低活性的钎剂能清洗干净所使用的超音波清洗装置之能量。

另一选择是可以使用水溶性的钎剂。水溶性钎剂可以提供良好的助焊能力，因为有着较强的侵蚀力，但如果没有清洗干净也将会造成问题。举例说，若水溶性钎剂因为具有较低的表面张力，而不易从高密度的组件区被清洗干净，甚至残留在组件内或一束绝缘的电线内都有可能会导致故障。许多的水溶性钎剂都含有聚乙烯乙二醇的成分，这些成分是不含离子及易吸湿的，也就是说，它们会从空气中吸收湿气然后造成电化学方面的迁移（电子迁移）并因离子污染而降低电性上的表现。除此之外，因为不含离子所以聚乙烯无法用一般的萃取出溶剂电阻的方式来量测其洁净度。

3）SMT免洗技术。

这个免洗制程的概念是起源于使用低残留物的钎剂，也就是内部只有一点点或是没有会侵蚀性的物质来增加产品的可靠度。不幸的是有些使用者认为既然是使用低残留物的钎剂，成品就可以不需要再清洗，这一点也不假，只要钎剂是唯一的污染源即可。就实际而言，免洗制程需要一全新的方式来组装PCB。

使用低侵蚀性的免洗钎剂通常要配合使用接脚有较好钎料性的组件。也因此这些组件的质量和数量也要和以往采购的标准有所不同才可以。进货检测也相对的变得重要。组件储存及处理也都成为"没有污染物"重要的一环，再加上好的制程控制及人员训练才可以达成免洗制程。

对制程而言，清洗就是如同一道安全网一样，可以防止任何制程上所造成的错误。但在免洗制程时，这一道安全网也就不见了。接着就是读者的接受程度了，如果读者坚持一定要清洗，不论制程的质量有多好，或是可以节省多少成本，就是一定要清洗才可以。遇到这种情形时，就算是使用免洗制程也是徒劳无功的。免洗制程是目前大家所努力的目标，但这不是容易到只要换一种新的钎剂就可以的。

（2）清洗设备工作原理

清洗设备工作原理：新一代吸嘴清洗机采用独特的机械设计，使用流体力学将水碎化，产生极细小的高压水雾，以音速（$V=360m/s$）形成强大的动能喷射到吸嘴上，在待清洗的吸嘴上方形成一个持续的能量场，彻底粉碎表面和内部的污垢（由于吸嘴是独立放置，在清洗过程中不会损坏吸嘴），在清洗过程中清洗液（去离子水或蒸馏水）自动直接排放。

（3）印制电路板的水基清洗技术

目前可选用的非ODS（温室效应）清洗工艺包括水基清洗、半水基清洗、溶剂清洗，另外也可以采用不进行清洗的免清洗工艺。到底选用哪种工艺，应根据电子产品和重要性、对清洗质量的要求和工厂的实际情况来决定。

1）水基清洗工艺。

水基清洗工艺是以水为清洗介质的，为了提高清洗效果可在水中添加少量的表面活性剂、洗涤助剂、缓蚀剂等化学物质（一般含量在2%～10%）。并可针对印制电路板上不同性质污染的具体情况，在水基清洗剂中加一些添加剂，使其清洗的适用范围更宽。水基清洗剂对水溶性污垢有很好的溶解作用，再配合加热、刷洗、喷淋喷射、超声波清洗等物理清洗手段，能取得更好的清洗效果。在水基清洗剂中加入表面活性剂可使水的表面张力大大降低，使水基清洗剂的渗透、铺展能力加强，能更好深入到紧密排列的电子元器件之间的缝隙之中，将渗入到印制电路板基板内部的污垢清洗除。利用水的溶解作用与表面活性剂的乳化分散作用也可以很好的将合成活性类钎剂的残留物清除，不仅可以把各种水溶性的污垢溶解去除，而且能将合成树脂、脂肪等非可溶性污垢去除。

对于使用松香基钎剂或水基清洗剂中加入适当的皂化剂（saponifier）是在清洗印刷电路板时用来与松香中的松香酸、油脂中的脂肪酸等有机酸发生皂化反应，生成可溶于水的脂肪酸盐（肥皂）的化学物质。这是许多用于清洗印刷电路板上的钎剂、油脂的清洗剂中常见的成分。皂化剂通常是显碱性的无机物如氢氧化钠、氢氧化钾等强碱，也可能是显碱性的有机物如单乙醇胺等。在商用皂化剂中一般还含有有机溶剂和表面活性剂成分，以清洗去除不能发生皂化反应的残留物。由于皂化剂可能对印刷电路板上的铝、锌等金属产生腐蚀，特别是在清洗温度比较高、清洗时间比较长时很容易使腐蚀加剧。所以在配方中应添加缓蚀剂。但应注意有对于碱性物质敏感的元器件的印制电路板不宜使用含皂化剂的水基清洗剂清洗。

在水基清洗的工艺中如果配合使用超声波清洗，利用超声波在清洗液中传播过程中产生大量调微小空气泡的"空穴效应"则可以有效地把不溶性污垢从电子结路板上剥除。考虑到印刷电路板、电子元器件与超声波的相溶性要求，印刷电路板清洗时使用的超声波频率一般在 40kHz 左右。

2）水基清洗工艺流程。

包括清洗、漂洗、干燥三个工序。首先用浓度为 2%～10% 的水基清洗剂配合加热、刷洗、喷淋喷射、超声波清洗等物理清洗手段对印刷电路板进行批量清洗然后再用纯水或离子水（DI 水）进行 2～3 次漂洗，最后进行热风干燥。水基清洗需要使用纯水进行漂洗是造成水基清洗成本很高的原因。虽然高质量的水质是清洗质量的可靠保证，但在一些情况下先使用成本较低的电导率在 5μm·cm 的去离子水进行漂洗，最后再使用电导率在 18μm·cm 的高纯度去离子进行一次漂洗也可以取得很好的清洗效果。

典型的水清洗工艺如图 6-14 所示。一个典型的工艺过程为：在 55℃ 的温度下用水基清洗剂对电子电路板进行批量清洗，并配合强力喷射清洗 5min，然后用 55℃ 的去离子水漂洗15min，最后在 60℃ 温度下热风吹干 20min。为了提高水资源的利用率，在清洗工序使用的自来水或在漂洗槽使用过的去离子水，据文献介绍在预清洗中使用自来水（含有较多离子的硬水），不仅可以大大降低生产成本，而且它的除污能力一点也不比软水或去离子水差。

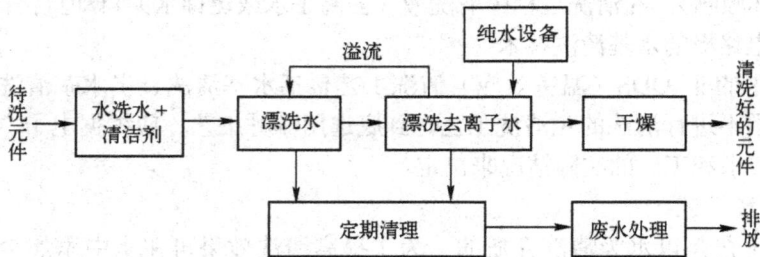

图 6-14　典型的水基清洗工艺流程

4. 实训内容及步骤

1）辨别产品 PCB 上的污染物并判定来源。

2）熟练操作全自动吸嘴清洗机。

3）采用全自动吸嘴清洗机对 PCB 进行水基清洗。

4）检查清洗后的 PCB，并与未清洗的 PCB 进行对比。

5. 实训结果及数据

1）能判定由不同 SMT 辅料产生的污染物。

2）能熟练操作全自动吸嘴清洗机。

3）能熟练对 PCB 进行水基清洗。

4）能判定 PCB 是否清洗干净。

5）安全使用各种有腐蚀的溶剂。

6.考核标准（见表6-6）

表6-6 考核标准

序号	考核内容	配分	评分标准	考核记录	扣分	得分
1	能判定由不同SMT辅料产生的污染物	20	对污染物来源和产生原因充分了解			
2	能熟练操作全自动吸嘴清洗机	20	安全熟练操作设备			
3	能熟练对PCB进行水基清洗	20	正确进行水基清洗工艺			
4	能判定PCB是否清洗干净	20	完成SMT产品清洗			
5	安全使用各种有腐蚀的溶剂	20	操作安全规范			
6	分数总计	100				

6.6 附录 某公司炉前检验操作岗位的工作规范

1）贴片完成后在回流焊前出现的主要不良现象为：欠品、偏移、竖片、元件开裂、元件破损、元件错、反方向（有方向性元件）。

2）一旦发现贴片完成品有钎剂偏移或漏印立即汇报负责人，如全部偏移做报废，并清洗基板从印刷开始重新生产，并对再次投入品进行确认。

3）一旦发现贴片完成品一块基板上5处以上发现不良并连续2块以上立即汇报负责人进行跟踪调整；每小时发现同一位号同一类型不良（如偏位欠品）3个以上直接汇报上级进行改善；每小时发现不同位号不同类型不良7个以上汇报负责人进行跟踪调整。位号是指作业指导书上所标的代码。

4）炉前检查不能补料，炉前发现欠品要用标签贴在边框上并注明位号待进行补料后方可过回流焊。

5）有方向性元件主要为二极管、晶体管，四脚管、IC、胆电容等，检查方向性元件的品名及方向是否正确。

6）电容104为100000P，102为1000P以此类推（电阻相同）。

7）电阻1R2为1.2Ω；2R0为2Ω，R表示为小数点（电容相同）。

8）作业时要戴防静电手套及腕书，手不能直接接触电路板。

9）使用镊子时注意不要损坏铜箔，更要防止出现其他部品的偏移。

10）检验发现不良时要在板子上做好标示。

11）使用罩板检查时要用手轻轻盖在基板上，拿出时要轻轻从基板的两头同时拿起，防止罩板撞击部品，造成部品损伤。

12）检查日报的正确填写，只要发现一个不良，都必须记录上检查日报上，不得漏记或弄虚作假。

13）回流焊炉后电路板要及时收取，检查桌上的基板严禁重叠，一块海绵上只能放置一块基板。检查完良品放入防静电箱内，防静电箱内隔板必须根据基板大小正确调节，防止因过松引起基板重叠。

14）钎料不良说明，如图 6-15 所示。

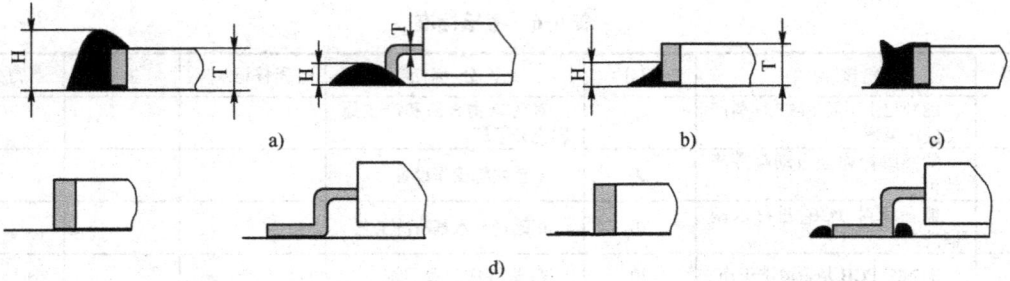

图 6-15 钎料不良

a) 钎料太多　b) 钎料太少　c) 拉尖　d) 虚焊

15）印刷不良状举例如图 6-16 所示。

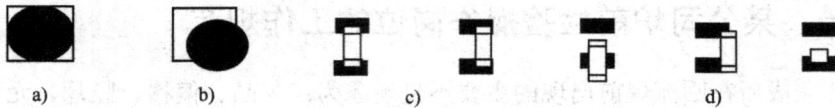

图 6-16 印刷合格品和不良品

a) 合格　b) 不合格　c) 元件位置合格状态　d) 元件位置不合格状态

6.7 习题

1. 在现代电子组装技术中采用 SMT 工艺，使用的检测技术主要有哪些？
2. 简述不同检测方式之间的区别。
3. 来料检测主要检测的内容包含哪些？
4. 请绘制包含组装过程检测环节的表面组装工艺流程图。
5. 焊点质量的检测可以采用哪些方式来实现？

第7章　SMT 产品的品质管理及控制

学习内容

（1）SMT 品质管理的基本概念

（2）预防性品质管理的新方法

（3）SMT 品质管理的一般流程

（4）SMT 生产品质管理的典型案例

学习目标

目前电子产品的微小型化，必然使元器件也不断地朝着微小型化方向发展，布线也越来越密，器件密度越来越高，这一切对用 SMT 生产的产品质量控制提出了非常高的要求。学完本章，读者应能对 SMT 生产的产品品质管理的基本概念、预防性品质管理的新方法、SMT 品质管理的一般流程等有一个概括性地了解。

7.1　品质管理概述

产品质量是企业的生命线。SMT 是一项复杂的综合的系统工程技术。必须从 PCB 设计、元器件、材料以及工艺、设备、规章制度等多方面进行控制，才能保证 SMT 加工质量。

7.1.1　品质管理的基本概念

（1）品质管理的定义

质量管理（品质管理）——对确定和达到质量要求所必需的职能和活动的管理。

目的——主要是为了加强产品本身的质量素质和竞争能力。

电子产品质量素质的高低，主要在生产过程中来保证和实现，质量素质由电子产品的质量特性来衡量，产品的质量特性主要有：

1）性能——如单板电性能有关指标。

2）寿命——如元器件的寿命长短。

3）可靠性——GSM 整机的故障率、焊点是否饱满、锡珠等。

4）安全性——产品在使用和维护过程中与人身和环境的关系。

5）经济性——成本低。

6）外观质量特性——如包装、单板脏和元件破损等。

质量管理就是围绕着如何提高以上这些质量素质而进行的一系列活动，是企业中众多管理中的其中一种。

（2）品质管理发展的三个阶段

如表 7-1 所示。

表 7-1　品质管理的发展三阶段

质量管理的阶段	年代	特　点
质量检验	20世纪初至30年代	检验质量管理是在泰勒的科学管理基础上发展起来的，强调检验工作的监督职能，检验机构和人员拥有对半成品、成品的验收合格决定权，检查方法以全数检查及筛选合格品为主，主要是通过"事后检验"的方法来保证产品质量。20世纪20年代出现了利用数理统计控制工序质量的方法
统计质量管理	20世纪40、50年代	从单纯依靠检验把关逐步进入检验把关和工序管理预防结合，并在工序管理中应用了数理统计方法
全面质量管理	20世纪60年代至今	为适应现代化技术密集型产品的需要，在统计质量管理的基础上，动员组织企业全体职工参加质量管理，对产品生产全过程实行系统全面的质量管理

（3）全面质量管理的特点

1）"全面质量"的质量管理——既包括"产品质量"，又包括"工作质量"，例如：现在的"直通率"的高低，实际上是以衡量各部门的"工作质量"为主的；各种"质量攻关小组"的目的也大多数是为改善"工作质量"而设立的。

2）全过程的质量管理：在设计—采购—制造—销售—使用—维护全过程实行质量管理。

3）全员性的质量管理——产品质量的保证不只是质量保证处的职责。

4）用户第一，下道工序就是用户，服务对象就是用户的观念。

5）严格把关与积极预防相结合，以预防为主。

6）质量管理所运用的方法和手段是全面的、多样的。

7.1.2　现场质量

（1）现场质量及其影响因素

现场质量是指生产现场如何加强工艺管理，搞好检验工作，按照产品设计实际生产出来的产品质量，也就是现场的制造质量，现场质量管理就是对制造质量及其相关的工作质量的管理，其主要影响因素有人、机、料、法、环。

1）人——操作技能低、技术不熟练、不按指导书操作。

2）机——设备的保养不好，精度下降。

3）料——来料不符合要求。

4）工艺方法——加工方法不合理，工装不准确。

5）环境——温湿度对焊接质量的影响。

（2）现场质量管理要点

1）加强工艺管理——稳定、改进工艺使制造过程处于稳定的控制状态。

2）合理选择检验方式和方法。首检+巡检+抽检+固定检验相结合。

3）建立一支专业检验队伍。

4）及时掌握质量动态——深入现场，以现场为中心。

5）及时对不良品进行统计和分析——没有找到责任人和原因"不放过"、没有提出防患措施"不放过"、当事人没有受到教育"不放过"。

6）工序控制——SPC。

7）搞好 5S。

（3）现场品质管理的程序

为了使质量管理工作能够有计划按步骤进行，20 世纪 60 年代初，美国质量管理专家戴明首先将质量管理过程总结成 4 个密切相关的工作阶段，即计划（PLAN）阶段、执行（DO）阶段、检查（CHECK）阶段、处理（ACTION）阶段。这就是质量管理的 PDCA 循环，也称作戴明环。事实上 PDCA 循环不仅适用于质量管理，也适用于其他方面的管理。

1）P 阶段，就是根据用户要求，并以取得最佳经济效果为目标，通过调查、设计、试制，制订技术经济指标、质量目标、管理项目，以及达到这些目标的具体措施和方法。

2）D 阶段，就是按照所制订的计划和措施去付诸实施。

3）C 阶段，在实施了一个阶段之后，对照计划和目标，检查执行的情况和效果，及时发现问题。

4）A 阶段，就是根据检查的结果，采取相应的措施，或修正改进原来的计划，或寻找新的目标，制订新的计划。总结处理阶段的结束，也就是下一个 PDCA 循环的开始。

（4）现场品质管理的 8 个步骤

为了便于解决问题和改进工作，PDCA 循环有具体实施时，可以分解为 8 个步骤。

1）分析现状，找出存在的质量问题。

2）对"5M1E"进行研究，调查造成质量问题的原因。所谓"5M1E"，是指前面提到的影响现场质量问题的 6 个因素。即人员（MAN）、机器（MACHINE）、材料（MATERIAL）、方法（METHOD）、测试（MEASUREMENT）、环境（ENVIROUMENT）。

3）寻找影响质量问题的主要因素。

4）制订解决问题的计划与措施。

5）按照计划的内容，由执行者严格地加以实施。

6）根据计划的要求，对实施的效果进行检查。

7）巩固成果，将成功和失败的经验标准化。

8）将遗留的问题转入下一个 PDCA 循环中去。

与 PDCA 循环相对照，以上 8 个步骤中，1）~4）属于 P 阶段，5）属于 D 阶段，6）属于 C 阶段，7）和 8）属于 A 阶段。

7.2 传统质量管理做法和预防性品质管理

相对于传统的检查错误、然后补救的被动型品质管理办法，新的品质管理思路是把防出错的关口提前，即预防性品质管理。

7.2.1 传统质量管理做法——被动的（制造管理）观念

传统的品质管理流程如图 7-1 所示，是一种被动型的补救管理办法，依赖检查/返修的质量管理有以下缺点：高成本、检查速度经常无法配合生产速度、非所有的问题都能被检测出、返修会缩短产品寿命等。

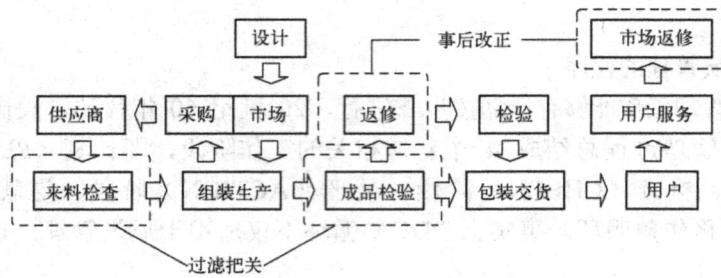

图 7-1 传统品质管理流程

7.2.2 预防性品质管理

（1）新的质量管理理念

1）先质后量的制程管理。在未能保证品质的情况下提高产量，只会造成浪费和损失（材料、时间、设备使用、能源的浪费和公司名誉上的损失）。

2）通过制程管理可以实现：高质量=高直通率+高可靠（寿命保证）。

3）不提倡检查、返修或淘汰的一贯做法，更不容忍错误发生。

4）任何返修工作都可能给成品质量添加不稳定的因素。质量是在设计和生产过程中实现的，而不是通过检查返修来保证的；质量是通过工艺管理实现的。

5）质量是企业中每个员工的责任，而不只是品质部的工作。

（2）新的工艺管理方法

1）DFM （Design For Manufacture）面向制造的设计。

2）实施 DFM，必须配合产品设计、设备技术和质量水平要求来进行，要求技术人员对元器件、材料、工艺、设备、设计有全面的认识，要求设计与工艺良好的沟通。

3）工艺优化和改进，组装方式与工艺流程应按照 DFM 规定进行。

4）要求技术人员了解设备的特性、功能，掌握操作技术。由于首次设计未必能将所有工艺参数都定得最优、最完善，因此需要微调改正。例如贴片程序、印刷参数、温度曲线等。

5）工艺改进包括设计在内的全程整合处理和改进。工艺改进不仅给企业带来生产效率和质量，同时带来工艺技术水平的不断提高。对优化后的制造能力做出计量，并初步确定监控方法。

6）工艺监控，工艺监控是确保生产效益的和质量的重要活动。

7）由于生产线上的变数很多，设备、人员、材料等都有其各自许多变数，每天在不同程度上的互相影响，互相牵制着。如何能采取有效足够的监控又不会影响生产以及提高生产成本，是一项不易做得好的工作。

8）要求技术人员具备良好的测量知识、统计学知识、因果分析能力以及对设备性功能的深入了解等。

9）供应链管理，稳定的原材料货源与质量是保证 SMT 质量的基础。

（3）故障预防性生产

故障预防性生产主要在设计、原材料检测、产品制造等过程中对可能出现的质量缺陷进行预先估计并做出提前防备，以减少故障出现，如图 7-2 所示。

（4）预防性工艺方法

1）同样的设备条件，不同的工艺就有不同的效益。

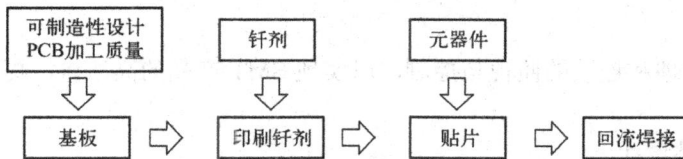

图 7-2　故障预防性生产

2）把 CIMS（计算机集成制造系统）应用到 SMT 制造中。

3）以过程控制为基础的 ISO9000 质量管理体系运行模式。

4）数据处理技术的应用。

（5）策略

1）控制输入。

2）控制输出。

3）培训。

4）坚持按照规定操作。

5）持续改善。

6）审核。

（6）方法

1）建立必要的检查表。

2）对机器监测。

3）元器件、材料等过期控制。

4）更改日志。

5）校验日志。

6）纠正措施日志。

7）工艺监测。

8）对流程进行认证。

9）首件确认。

10）SPC 数理统计工艺控制。

11）信息反馈。

7.3　SMT 品质管理方法

7.3.1　制订质量目标

SMT 的质量目标首先应尽量保证高直通率，而且质量目标应是可测量的。目前，回再流焊不良率的世界先进水平能达到小于 10^{ppm}（10^{-6}）。

7.3.2　过程方法

SMT 质量控制的流程覆盖整个生产过程，包括 SMT 产品设计→采购控制→生产过程控制→质量检验→图样文件管理→产品防护→服务提供→人员培训→数据分析。

质量控制首先由编制本企业的规范文件：DFM、通用工艺、检验标准、审核和评审制度来具体实现。

通过系统的管理和连续的监视与控制，以实现 SMT 产品的高质量，提高 SMT 生产能力和效率。

（1）SMT 产品设计

印制电路板（PCB）设计是保证表面组装质量的首要条件之一。PCB 的可制造性设计包括机械结构、电路、焊盘、导线、过孔、阻焊、可制造性、可测试性、可返修性和可靠性设计等。

（2）采购控制

根据采购产品的重要性，将供方和采购产品分类。对供方要有一套选择、评定和控制的办法，采购合格产品。由此制定一套严格的进货检验和验证制度。

SMT 主要的采购控制有元器件、工艺材料、PCB 加工质量、模板加工质量。

例如，元器件质量控制：

- 尽量定点采购——要与元件厂签协议，必须满足可贴性、焊接性和可靠性的要求。
- 如果分散采购，要建立入厂检验制度，抽测电性能、外观（共面性、标识、封装尺寸、包装形式）、焊接性（包括润湿性试验、抗金属分解试验）项目。
- 防静电措施。
- 注意防潮保存。
- 元器件的存放、保管、发放均有一套严格的管理制度，做到先进先出，账、物、卡相符，库管人员受到培训，库房条件能保证元器件的质量不至于受损。

（3）生产过程控制

生产过程直接影响到产品的质量，因此对工艺参数、人员、设备、材料、加工、监视和测试方法、环境等影响生产过程质量的所有因素加以控制，使其处于受控条件下。

受控条件如下。

1）设计原理图、装配图、样件、包装要求等。

2）产品工艺文件或作业指导书，如工艺过程卡、操作规范、检验和试验指导书等。

3）生产设备、工装、卡具、模具、辅具等生产手段及始终保持合格有效。

4）配置并使用合适的监视和测量装置。使这些特性控制在规定或允许的范围内。

5）有明确的质量控制点：STM 生产中的控制点和关键工序有钎剂印刷、贴片、炉温调控。对质控点的要求是：现场有质控点标识，有规范的质控点文件，控制数据记录正确、及时、清楚，对控制数据进行分析处理，定期评估 PDCA 和可追溯性。

- SMT 生产中，对钎剂、贴片胶、元器件损耗应进行定额管理，作为关键工序或特殊过程的控制内容之一。
- 关键岗位应有明确的岗位责任制。操作工人应严格培训考核持证上岗。
- 有一套正规的生产管理办法，如实行首件检验、自检、互检及检验员巡检制度，上道工序检验不合格的不能转下道工序。

（4）产品批次管理

产品要做好标识，生产批号、数量、生产日期、操作者、检验员都标识清楚，可以实现追溯（如计划文件、工序卡、随工单等）。

（5）不合格品的控制

不合格品控制程序对不合格品的隔离、标识、记录、评审和处理做出明确的规定。通常

SMA 返修不应超过三次，元器件的返修不超过两次。

（6）生产设备的维护和保养

按照设备管理办法，对关键设备应由专职维护人员定检，使设备始终处于完好状态，对设备状态实施跟踪与监控，及时发现问题，采取纠正和预防措施，并及时加以维护和修理。

（7）生产环境

1）生产线环境包括如下内容。

● 水、电气、供应。

● SMT 生产线环境要求：温度、湿度、噪音、洁净度。

● SMT 现场（含元器件库）防静电系统。

● SMT 生产线的出入制度、设备操作规程、工艺纪律。

2）生产现场实行定置管理，做到定置合理，标识正确；库房材料、在制品分类储存，码放整齐，台账相符。

3）文明生产：清洁、无杂物；文明作业，没有野蛮、无序操作行为。

4）现场管理要有制度、有检查、有考核、有记录，每日进行"5S"活动。

（8）人员素质

SMT 是一项高新技术，对人员素质要求较高，不仅要技术熟练，还要重视产品质量，责任心强，专业应有明确分工（一技多能更好）。SMT 生产中除生产线配备经严格培训、考核合格、技术熟练的生产工人、检验人员外，还必须配备下列人员：SMT 主持工艺师/SMT 工程技术负责人；SMT 工艺师；SMT 工艺装备工程师；SMT 检测工程师和质量统计管理员；生产线线长。

（9）质量检验

1）机构，质量检验部门应独立于生产部门之外，职责明确，有专职检验员，能力强，技术水平高，责任心强。质检部门负责对原材料、元器件进货检验和过程产品（工序）、最终产品检验，合格放行。

2）检验依据文件齐全，严格按检验规程、检验标准或技术规范进行。

3）检验设备：主要检验设备、仪表、量具齐全，处于完好状态，按期校准，少数特殊项目委托专门检验机构进行。

（10）图样文件管理

要制订文件控制程序，对设计、工艺文件的编制、评审、批准、发放、使用、更改、再次批准、标识、回收和作废等全过程活动进行管理，确保使用有效的适用版本，防止使用作废文件。

（11）产品防护

1）标识：应建立并保护好关于防护的标识，如防碰撞、防雨淋等。

2）搬运：在生产和交付产品的不同阶段，应根据产品当时的特点，在搬运过程中选用适当的设备和搬运方法，防止产品在生产和交付过程中受损。

3）包装：应根据产品特点和顾客的要求对产品进行包装，重点是防止产品受损，例如 SMA 应用防静电袋包装，在包装箱内相对固定，以防止碰撞和静电对 SMA 的损害。

4）贮存：通风、防潮、防雨、控温、防静电、防雷、防火、防鼠、防盗等条件，防意外事故的发生。

（12）服务提供

包括对产品放行（包括内部各工序的放行）、交付（指交付给顾客）、交付后活动（包括售后服务等）的控制。在这些活动中应按企业的规定开展活动。

（13）员工培训

SMT 日新月异的发展，要求技术人员不断学习、研究，全面提高技术水平，才能达到长期的改进，才能做出最优化、最低成本的生产作业。

通过培训提高员工的能力，增强员工的质量意识和顾客满意，满足质量工作要求。

（14）数据分析

为了改进产品质量，收集与产品、过程及质量管理有关的数据，使用统计技术或其他方法进行分析，以得到以下信息，并作为持续改进的依据。

1）顾客对提供的产品或服务满意程度，应特别关注不满意情况。

2）全部产品要求的符合性情况。

3）生产过程、产品特性和变化趋势情况，避免不良趋势的进一步发展。

4）涉及供方提供的产品及外包过程有关信息，通过这些信息可对供方实施有效控制。

7.4 SMT 品质管理

7.4.1 SMT 品质管理流程

SMT 品质管理包含多个控制点，如图 7-3 所示。

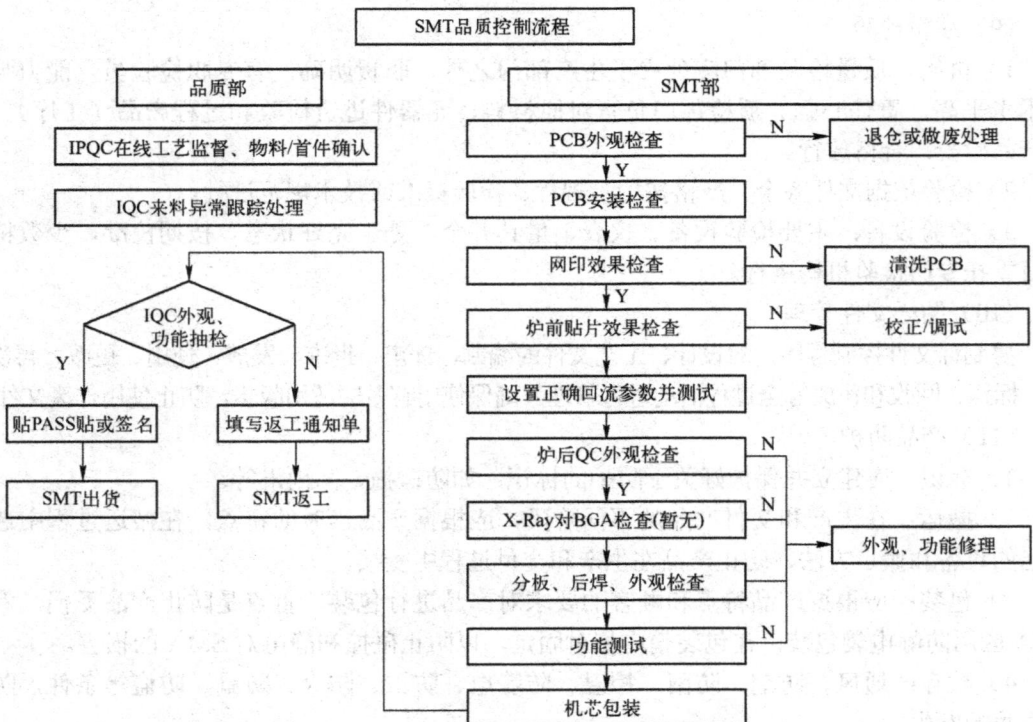

图 7-3 SMT 品质管理的流程图

162

7.4.2 SMT生产过程中品质控制的典型案例

案例：半成品生产质量问题处理流程〔EA/NPC-PRO0803〕。

（1）定义

1）半成品生产质量问题：是指半成品生产过程中，因操作、物料、工艺、设备、BOM、设计等原因，造成在制品或制成品的质量不合格或存在质量隐患的现象。生产质量问题通常以不合格品的形式出现。

2）半成品生产质量问题的关闭：对于偶发的一般质量问题，有了纠正措施并执行后，质量问题即可关闭；对于其他质量问题，有了预防措施，并已执行或计划执行，且其改善效果良好，半成品生产质量问题才可关闭。

3）URB：即 Uncompetent Review Board 的简称，是为了集体协作，调查质量问题根本发生原因、制定预防措施并推动实施、跟踪质量问题的解决情况并最终关闭质量问题等活动而设立的小组，主要由生产、工艺、设备和品质人员参加，必要时调度、中试工艺和物料品质人员也可参与。

4）严重及重大质量问题：指在生产过程中发生的生产质量事故、批量性质量问题和暴露的系统性问题和工作渎职（失误）行为。

5）批量质量问题：由电装责任导致的、在电装内部发现的批量返工和质量事故。

6）一般性质量问题：指生产中偶然出现，可当时修复（纠正）的个别质量问题。

7）现场质量问题：指在生产现场即时发生的质量问题。

8）非现场质量问题：指过去发生，现在才反映出来的，已对（或可能对）生产交期、产品质量、公司形象造成严重损害的问题。

（2）目的

规范半成品生产质量问题的反馈、处理和跟踪程序，使质量问题及时得到处理，并使纠正和预防措施得到落实。

（3）范围

适用于电装事业部在生产和检验过程中暴露的质量问题的处理。

（4）输入

1）《电装事业部生产问题处理清单》和《生产质量问题处理单》。

2）电装事业部各部门及客户反馈的质量问题信息。

（5）输出

1）有处理措施的《电装事业部生产问题处理清单》。

2）有处理措施的《生产质量问题处理单》。

3）严重或重大质量问题调查报告和处理建议。

4）质量问题的关闭。

（6）职责

1）生产/检验人员。操作人员在生产或检验过程中发现了质量问题，及时准确地填写《电装事业部生产问题处理清单》或《生产质量问题处理单》，反馈部门主管/生产工程师处理。

2）部门主管/生产工程师。部门主管（工段长、车间主任或质量工程师以上人员）/生产工程师确认并处理生产质量问题。

3）处理措施执行部门/人员。按有处理措施的《电装事业部生产问题处理清单》或《生产质量问题处理单》要求，实施质量问题处理措施。

4）质量工程师。质量工程师组织协调 URB 小组或调查小组对质量问题进行调查、解决，并跟踪各项解决措施的执行情况和措施的实施效果，决定质量问题的关闭。

（7）技能要求

生产工程师：要求丰富的现场问题处理经验。

质量工程师：要求有极强的协调能力，熟悉相关流程的运作，清楚相关的接口关系。

（8）流程说明

1）发现反馈现场质量问题〈生产、工艺、品质人员〉。在生产或检验过程中发现质量问题，生产/检验人员填写《电装事业部生产问题处理清单》，并对待处理品作状态标识，同时提交主管审核有问题描述的《电装事业部生产问题处理清单》。

2）质量问题确认〈部门主管〉。部门主管对反馈的质量问题进行初步确认，登录质量问题。

3）提交生产工程师 〈部门主管〉。部门主管在确认质量问题后，判断自己能否处理，如不能处理则提交生产工程师处理，若能够自行处理则转到制订纠正措施部门主管处。

4）制订纠正措施〈生产工程师〉。生产工程师对现场问题紧急处理，制订纠正措施，保证生产正常有序地进行。

5）制订纠正措施〈部门主管〉。部门主管对现场问题紧急处理，制订纠正措施保证生产正常有序地进行。

6）提交 URB 小组〈生产工程师〉。生产工程师在制订纠正措施的同时，需判断是否提交 URB 小组进一步处理；根据质量问题的性质，对于偶发的一般质量问题，直接由生产工程师处理在《电装事业部生产问题处理清单》上填写处理措施，相关部门按措施执行即可；其他问题，如涉及其他部门，一些系统上、管理上的问题，则须提交 URB 小组进一步处理。

7）填写《生产质量问题处理单》〈反馈人〉。对于需 URB 小组进一步处理的问题，由问题反馈人填写《生产质量问题处理单》电子流，提交 URB 小组进一步处理。

8）发现并反馈非现场质量问题〈其他人员/客户〉。其他任何人在工作中发现非现场质量问题或事故，或客户对质量问题有投诉，则应直接向相关质量工程师反馈。

9）是否为重大及严重质量问题〈质量/生产工程师〉。质量工程师在收到现场和非现场反馈的质量问题后，联合生产工程师一起，按照本流程规定的质量问题严重性分级原则，综合判断所反馈的问题是否为重大及严重质量问题。

10）根本原因调查、对策制定〈URB 小组〉。由质量工程师负责协调 URB 小组成员调查现场质量问题发生的原因，并定位责任部门，再由责任部门和相关部门一起制定预防措施，责任部门填写《生产质量问题处理单的"根本原因分析"和"预防措施"。

11）执行处理措施〈处理措施执行部门/人员〉。规定措施执行部门/人员的时限，实施质量问题措施的执行或处理。

12）实施效果跟踪〈质量工程师/品管工段长〉。质量工程师对《生产质量问题处理单》上的处理措施的实施情况、实施效果进行跟踪，品管工段长对《电装事业部生产问题处理清单》上的纠正措施的实施情况、实施效果进行跟踪。

13）措施是否有效〈质量工程师〉。质量工程师对所有的处理措施的实施情况、实施效果进行跟踪，并根据跟踪的结果确认处理措施是否有效，对于处理措施无效或效果不明显的质量问题，重新调查原因制定对策。

14）质量问题的关闭〈质量工程师〉。质量工程师根据处理措施的实施效果情况，决定质量问题的关闭，对于处理措施实施效果较明显的质量问题，签名确认表示质量问题的关闭。

15）成立调查小组并上报〈质量工程师〉。对于重大或严重质量问题，质量工程师会同生产工程师对现场进行紧急处理后，以任何方式在第一时间将有关信息反馈到质量保证处、发生问题部门，同时知会调度部门，并按补充说明中的上报原则上报；根据现场调查情况和上级领导的有关指示，召集相关人员（流程优化部门、干部处、技术、工艺、物料、装备等）召开现场会，组建严重、重大质量问题调查小组，并组织对质量问题进行详细调查。

16）质量问题调查〈调查小组〉。调查小组成员对发生问题的客观、主观及系统性原因和问题造成的损失分工进行全面调查和分析，确认责任人（或责任部门），并形成调查报告；同时视情况提出对相关责任人或责任部门的处罚建议，填写《重大及严重质量问题处理建议表》并将调查经过形成调查报告一起报电装干部处，由干部处最终确认质量问题的级别和相应处罚措施。

17）制定并实施整改措施〈责任人/责任部门〉。根据调查、分析的结论，责任人或责任部门汇同调查小组成员，拟定纠正、预防措施，提出整改目标；然后责任人/责任部门根据纠正、预防措施实施具体整改。

18）跟踪整改是否彻底〈调查小组〉。调查小组或其委托人对责任人/责任部门做定期检查，根据整改目标确认纠正、预防措施的实施效果。如果未实施所制定的整改措施或未达到整改目标，则调查小组有权要求责任人/责任部门分析原因后，重新制定整改措施及目标，并继续跟踪监督其实施进度。

19）形成案例并标准化〈调查小组〉。如调查小组或其委托人确认整改已达到预定目标、行之有效的整改措施也已固化到有关文件规定之中（即已完成标准化工作），调查小组最后将此严重、重大质量问题的处理过程形成案例，并将案例报告归档，则关闭该严重、重大质量问题。

（9）表格与记录

《电装事业部生产问题处理清单》，EA/NPC-PRO0803-02。

《重大及严重质量问题处理建议表》，EA/NPC-PRO0803-03。

（10）例外原则

1）对于间接加工或返修的产品，如涉及的物料问题不是批量性的，可不填写单据号/验单号。

2）在特殊情况下，对于版本升级或技术更改等产生的不用物料或其他途径流入电装的物料，也当作剩余物料处理，生产部门可直接填写《正向待处理品处理单》，相应的品质部门检验后，交生产工程师确认其可用性。

3）对于是由 PCB 来料不良造成产品不合格，如果判为报废，要入故障品库，以便与供应商换货/索赔，必须填写供应商和单据号/验单号，PCB 上所用的器件由车间开零星领料单补料（必要时，也可拆下来再利用，如贵重物料）。

4）《电装事业部生产问题处理清单》的编号规则如下。

编号 10 位编码构成，其中前 3 位编码代表质量问题发生的工序，后 7 位编码分别代表线别、年月及顺序号。具体格式如图 7-4 所示。

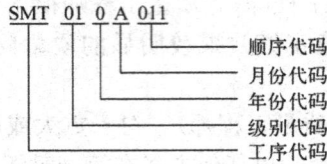

```
SMT 01 0 A 011
              ├── 顺序代码
            └──── 月份代码
          └────── 年份代码
       └───────── 级别代码
└───────────────── 工序代码
```

图 7-4　生产问题处理清单编号

- 工序代码由 3 个字母组成，SMT 工序（包括对应工序的检验，以下同）——SMT，成型工序——CHX，插件工序——THT，波峰焊工序——DBH，补焊工序——TOU，单板调测工序——DBD，软件车间——SOF，EDFA 车间——EDF，涂覆工序——TFU，配套工序——ASS。
- 线别代码由 2 位流水号组成，在 SMT 和波峰工序，线别代码的流水号与实际线体的编号相同，其中成型工序用"01"表示，如"SMT01……"即表示 SMT01 线；在单板调测工序，线别代码的流水号与产品的组织代码相对应，01～06 分别代表 TC、SDH、GSM、ETS、MBC 和 DDC 组织；软件车间，01～05 分别代表软件复制、拉手条装配、SDH 装配、软件插装和单板周转；EDFA 车间和涂覆工序分别用 01 表示；在配套工序，线别代码的流水号与产品类别相对应，01～03 分别代表部件、电缆和母板。
- 年份代码由 1 个数字构成，取年份的最后一位数字；月份代码由 1 个字符构成，依次用 1、2、3……9、A、B、C 表示。
- 顺序代码由两位的流水号＋清单序号构成。

5）严重及重大质量问题上报及处理原则。

- 严重质量问题：在第一时间（原则上要求事故发生 30 分钟之内）报告给总监、生产副总监（或总监助理），且问题涉及部门的经理需参与处理。
- 重大质量问题：在第一时间（原则上要求事故发生 30 分钟之内）报告给总监、生产副总监（或总监助理），且电装事业部总监或副总监需亲自参与处理。

6）质量问题分级原则及参考细目。

根据质量问题造成的客观经济损失，对正常生产过程的影响程度、正常交货期的延迟和对公司或电装事业部声誉的影响程度，从重到轻分为重大、严重、批量、一般四级，质量问题分级参考细目如下。

备注：

- 经济损失=原材料+人工+停产损失费，具体的数据包含但不仅限于此，以会计处核算的最终数据为准。
- 系统性停产指两条（含两条）生产线以上范围内的停产。
- 在具体判定质量问题的级别时，若介于两个级别之间或较难以区分时，则判为程度较重的级别。

- 对于严重及重大质量问题由质量工程师参照标准初步判断，电装干部处最终确认；对于批量性和一般性质量问题由质量工程师参照标准判断并确认。

7.4.3 质量认证

质量认证可分为产品质量认证和质量管理体系认证。随着工业的不断发展，来自买方对产品质量放心的客观需要，产生了产品质量认证（第三方）。为了保持产品质量的稳定提高出现了质量管理体系及认证。也就是说先有产品质量认证后发展产生了质量体系认证，并逐步衍生成为一系列的认证和认可活动。

管理和质量保证标准系列：

1994 年 3 月 1 日颁布的 ISO 9000:94 标准系列，我国等同采用颁布了 GB/T 19000-94。

2001 年等同采用 ISO 9000:2000 标准，颁布了 GB/T 19000-2000 标准系列。

1999 年等同采用 ISO 14000:1996 标准系列，颁布了 GV/T 14000-96 标准系列。

2001 年等效采用 OHSA 18000:1999 标准系列，颁布了 GB/T 28000-2001 标准系列。

根据市场需要，质量认证的发展是由产品质量认证开始，逐步延伸到质量管理体系，又发展到环境管理体系和职业安全管理体系，并向其他管理领域发展。科学的管理方法也和其他科学技术一样在不断进步（不同专业的质量体系如：ISO/TS 1649 汽车行业、ISO 13485 医疗器械、ISO 17799 信息安全等）。

针对以 SMT 为主的电子产品制造行业，遵循质量认证体系标准对于保证电子产品质量，提高企业形象，得到消费者认可有着相当重要的意义

7.5 附录 ISO9001:2015 标准（节选）

1. 范围

本标准为有下列需求的组织规定了质量管理体系要求：

a) 需要证实其具有稳定地提供满足顾客要求和适用法律法规要求的产品和服务的能力；

b) 通过体系的有效应用，包括体系持续改进的过程，以及保证符合顾客和适用的法律法规要求，旨在增强顾客满意。

2. 规范性引用文件

下列文件中的条款通过本标准的引用而构成本标准的条款。

3. 术语和定义

本标准采用 ISO9000:2015 中所确立的术语和定义。

4. 组织的背景环境

4.1 理解组织及其背景环境

组织应确定外部和内部那些与组织的宗旨、战略方向有关、影响质量管理体系实现预期结果的能力的事务。

4.2 理解相关方的需求和期望

4.3 确定质量管理体系的范围

组织应界定质量管理体系的边界和应用，以确定其范围。质量管理体系的范围应描述为组织所包含的产品、服务、主要过程和地点，描述质量管理体系的范围时，对不适用的标准条款，应将质量管理体系的质量管理管理体系范围应形成文件。

注：外部供应商可以是组织质量管理体系之外的供方或兄弟组织。

4.4 质量管理体系

4.4.1 总则

组织应按本标准的要求建立质量管理体系、过程及其相互作用，加以实施和保持，并持续改进。

4.4.2 过程方法

组织应将过程方法应用于质量管理体系。组织应：

a) 确定质量管理体系所需的过程及其在整个组织中的应用；

b) 确定每个过程所需的输入和期望的输出；

c) 确定这些过程的顺序和相互作用；

d) 确定产生非预期的输出或过程失效对产品、服务和顾客满意带来的风险；

e) 确定所需的准则、方法、测量及相关的绩效指标，以确保这些过程的有效运行和控制；

f) 确定和提供资源；

g) 规定职责和权限；

h) 实施所需的措施以实现策划的结果；

i) 监测、分析这些过程，必要时变更，以确保过程持续产生期望的结果；

j) 确保持续改进这些过程。

5. 领导作用

5.1 领导作用与承诺

5.1.1 针对质量管理体系的领导作用与承诺

5.1.2 针对顾客需求和期望的领导作用与承诺

5.2 质量方针

最高管理者应制定质量方针，方针应：

a) 与组织的宗旨相适应；

b) 提供制定质量目标的框架；

c) 包括对满足适用要求的承诺；

d) 包括对持续改进质量管理体系的承诺。

质量方针应：

a) 形成文件；

b) 在组织内得到沟通；

c) 适用时，可为相方所获取；

d) 在持续适宜性方面得到评审。

注：质量管理原则可作为质量方针的基础。

5.3 组织的作用、职责和权限

最高管理者应确保组织内相关的职责、权限得到规定和沟通。

6. 策划

6.1 风险和机遇的应对措施

6.2 质量目标及其实施的策划

组织应在相关职能、层次、过程上建立质量目标。

质量目标应：

a) 与质量方针保持一致；

b) 与产品、服务的符合性和顾客满意相关；

c) 可测量（可行时）；

d) 考虑适用的要求；

e) 得到监测；

f) 得到沟通；

g) 适当时进行更新。

组织应将质量目标形成文件。在策划目标的实现时，组织应确定：

a) 做什么；

b) 所需的资源；

c) 责任人；

d) 完成的时间表；

e) 结果如何评价。

6.3 变更的策划

7. 支持

7.1 资源

7.1.1 总则

组织应确定、提供为建立、实施、保持和改进质量管理体系所需的资源。组织应考虑：

a) 现有的资源、能力、局限；

b) 外包的产品和服务。

7.1.2 基础设施

7.1.3 过程环境

7.1.4 监视和测量设备

7.1.5 知识

7.2 能力

组织应：

a) 确定在组织控制下从事影响质量绩效工作的人员所必要的能力；

b) 基于适当的教育、培训和经验，确保这些人员是胜任的；

c) 适用时，采取措施以获取必要的能力，并评价这些措施的有效性；

d) 保持形成文件的信息，以提供能力的证据。

注：适当的措施可包括，例如提供培训、辅导、重新分配任务、招聘胜任的人员等。

7.3 意识

7.4 沟通

7.5 形成文件的信息

7.5.1 总则

组织的质量管理体系应包括：

a) 本标准所要求的文件信息；

b) 组织确定的为确保质量管理体系有效运行所需的形成文件的信息。

7.5.2 编制和更新

在编制和更新文件时，组织应确保适当的：

a) 标识和说明（例如：标题、日期、作者、索引编号等）；

b) 格式（例如：语言、软件版本、图示）和媒介（例如：纸质、电子格式）；

c) 评审和批准以确保适宜性和充分性。

7.5.3 文件控制

质量管理体系和本标准所要求的形成文件的信息应进行控制，以确保：

a) 需要文件的场所能获得适用的文件；

b) 文件得到充分保护，如防止泄密、误用、缺损。

适用时，组织应以下文件控制活动：

a) 分发、访问、回收、使用；

b) 存放、保护，包括保持清晰；

c) 更改的控制（如：版本控制）；

d) 保留和处置。

8. 运行

8.1 运行策划和控制

8.2 市场需求的确定和顾客沟通

8.2.1 总则

组织应实施与顾客沟通所需的过程，以确定顾客对产品和服务的要求。

注1："顾客"指当前的或潜在的顾客；

注2：组织可与其他相关方沟通以确定对产品和服务的附加要求。

8.2.2 与产品和服务有关要求的确定

适用时，组织应确定：

a) 顾客规定的要求，包括对交付及交付后活动的要求；

b) 顾客虽然没有明示，但规定的用途或已知的预期用途所必需的要求；

c) 适用于产品和服务的法律法规要求；

d) 组织认为必要的任何附加要求。

注：附加要求可包含由有关的相关方提出的要求。

8.2.3 与产品和服务有关要求的评审

组织应评审与产品和服务有关的要求。评审应在组织向顾客做出提供产品的承诺（如：提交标书、接受合同或订单及接受合同或订单的更改）之前进行，并应确保：

a) 产品和服务要求已得到规定并达成一致；

b) 与以前表述不一致的合同或订单的要求已予解决；

c) 组织有能力满足规定的要求。

评审结果的信息应形成文件。

若顾客没有提供形成文件的要求，组织在接受顾客要求前应对顾客要求进行确认。若产品和服务要求发生变更，组织应确保相关文件信息得到修改，并确保相关人员知道已变更的要求。

注：在某些情况下，对每一个订单进行正式的评审可能是不实际的，作为替代方法，可对提供给顾客的有关的产品信息进行评审。

8.2.4 顾客沟通

组织应对以下有关方面确定并实施与顾客沟通的安排：

a) 产品和服务信息；

b) 问询、合同或订单的处理，包括对其修改；

c) 顾客反馈，包括顾客抱怨；

d) 适用时，对顾客财产的处理；

e) 相关时，应急措施的特定要求。

8.3 运行策划过程

为产品和服务实现作准备，组织应实施过程以确定以下内容，适用时包括：

a) 产品和服务的要求，并考虑相关的质量目标；

b) 识别和应对与实现产品和服务满足要求所涉及的风险相关的措施；

c) 针对产品和服务确定资源的需求；

d) 产品和服务的接收准则；

e) 产品和服务所要求的验证、确认、监视、检验和试验活动；

f) 绩效数据的形成和沟通；

g) 可追溯性、产品防护、产品和服务交付及交付后活动的要求。

策划的输出形式应便于组织的运作。

注：对应用于特定产品、项目或合同的质量管理体系的过程（包括产品和服务实现过程）和资源做出规定的文件可称之为质量计划。

8.4 外部供应的产品和服务的控制

8.4.1 总则

组织应确保外部提供的产品和服务满足规定的要求。

8.4.2 外部供方的控制类型和程度

8.4.3 提供外部供方的文件信息

适用时，提供给外部供方的形成文件信息应阐述：

a) 供应的产品和服务，以及实施的过程；

b) 产品、服务、程序、过程和设备的放行或批准要求；

c) 人员能力的要求，包含必要的资格；

d) 质量管理体系的要求；

e) 组织对外部供方业绩的控制和监视；

f) 组织或其顾客拟在供方现场实施的验证活动；

g) 将产品从外部供方到组织现场的搬运要求；

在与外部供方沟通前，组织应确保所规定的要求是充分与适宜的。组织应对外部供方的业绩进行监视。应将监视结果的信息形成文件。

8.5 产品和服务的开发

8.5.1 开发过程

组织应采用过程方法策划和实施产品和服务开发过程。在确定产品和服务开发的阶段和控制时，组织应考虑：

a) 开发活动的特性、周期、复杂性；

b) 顾客和法律法规对特定过程阶段或控制的要求；

c) 组织确定的特定类型的产品和服务的关键要求；

d) 组织承诺遵守的标准或行业准则；

e) 针对以下开发活动所确定的相关风险和机遇；

f) 产品和服务开发所需的内部和外部资源；

g) 开发过程中的人员和各个小组的职责和权限；

h) 参加开发活动的人员和各个小组的接口管理的需求；

i) 对顾客和使用者参与开发活动的需求及接口管理；

j) 开发过程、输出及其适用性所需的形成文件的信息；

k) 将开发转化为产品和服务提供所需的活动。

8.5.2 开发控制

对开发过程的控制应确保：

a) 开发活动要完成的结果得到明确规定；

b) 开发输入应充分规定，避免模棱两可、冲突、不清楚；

c) 开发输出的形式应便于后续产品生产和服务提供，以及相关监视和测量；

d) 在进入下一步工作前，开发过程中提出的问题得到解决或管理，或者将其优先处理；

e) 策划的开发过程得到实施，开发的输出满足输入的要求，实现了开发活动的目标；

f) 按开发的结果生产的产品和提供的服务满足使用要求；

g) 在整个产品和服务开发过程及后续任何对产品的更改中，保持适当的更改控制和配置管理。

8.5.3 开发的转化

组织不应将开发转化为产品生产和服务提供，除非开发活动中未完成的或提出措施都已经完毕或者得到管理，不会对组织稳定地满足顾客、法律和法规要求及增强顾客满意的能力造成不良影响。

8.6 产品生产和服务提供

8.6.1 产品生产和服务提供的控制

组织应在受控条件下进行产品生产和服务提供。适用时，受控条件应包括：

a) 获得表述产品和服务特性的文件信息；

b) 控制的实施；

c) 必要时，获得表述活动的实施及其结果的文件信息；

d) 使用适宜的设备；

e) 获得、实施和使用监测和测量设备；

f) 人员的能力或资格；

172

g) 当过程的输出不能由后续的监测和测量加以验证时，对任何这样的产品生产和服务提供过程进行确认、批准和再次确认；

h) 产品和服务的放行、交付和交付后活动的实施；

i) 人为错误（如失误、违章）导致的不符合的预防。

8.6.2 标识和可追溯性

适当时，组织应使用适宜的方法识别过程输出。组织应在产品实现的全过程中，针对监视和测量要求识别过程输出的状态。在有可追溯性要求的场合，组织应控制产品的唯一性标识，并保持形成文件的信息。

8.6.3 顾客或外部供方的财产

组织应爱护在组织控制下或组织使用的顾客、外部供方财产。组织应识别、验证、保护和维护供其使用或构成产品和服务一部分的顾客、外部供方财产。如果顾客、外部供方财产发生丢失、损坏或发现不适用的情况，组织应向顾客、外部供方报告，并保持文件信息。

注：顾客、外部供方财产可包括知识产权、秘密的或私人的信息。

8.6.4 产品防护

在处理过程中和交付到预定地点期间，组织应确保对产品和服务（包括任何过程的输出）提供防护，以保持符合要求。防护也应适用于产品的组成部分、服务提供所需的任何有形的过程输出。

注：防护可包括标识、搬运、包装、贮存和保护。

8.6.5 交付后的活动

适用时，组织应确定和满足与产品特性、生命周期相适应的交付后活动要求。

产品交付后的活动应考虑：

a) 产品和服务相关的风险；

b) 顾客反馈；

c) 法律和法规要求。

注：交付后活动可包括诸如担保条件下的措施、合同规定的维护服务、附加服务（回收或最终处置）等。

8.6.6 变更控制

组织应有计划地和系统地进行变更，考虑对变更的潜在后果进行评价，采取必要的措施，以确保产品和服务完整性。

应将变更的评价结果、变更的批准和必要的措施的信息形成文件。

8.7 产品和服务的放行

组织应按策划的安排，在适当的阶段验证产品和服务是否满足要求。符合接收准则的证据应予以保持。

8.8 不合格产品和服务

组织应确保对不符合要求的产品和服务得到识别和控制，以防止其非预期的使用和交付对顾客造成不良影响。

组织应采取与不合格品的性质及其影响相适应的措施，需要时进行纠正。这也适用于在产品交付后和服务提供过程中发现的不合格的处置。

当不合格产品和服务已交付给顾客，组织也应采取适当的纠正以确保实现顾客满意。

应实施适当的纠正措施。

注：适当的措施可包括：

a) 隔离、制止、召回和停止供应产品和提供服务；

b) 适当时，通知顾客；

c) 经授权进行返修、降级、继续使用、放行、延长服务时间或重新提供服务、让步接收。

9．绩效评价

9.1　监视、测量、分析和评价

9.1.1　总则

9.1.2　顾客满意

9.1.3　数据分析与评价

组织应分析、评价来自监视和测量以及其他相关来源的适当数据。这应包括适用方法的确定。

数据分析和评价的结果应用于：

a) 确定质量管理体系的适宜性、充分性、有效性；

b) 确保产品和服务能持续满足顾客要求；

c) 确保过程的有效运行和控制；

d) 识别质量管理体系的改进机会。

数据分析和评价的结果应作为管理评审的输入。

9.2　内部审核

9.3　管理评审

10．持续改进

10.1　不符合与纠正措施

10.2　改进

7.6　习题

1．电子产品的质量特性主要有哪些？

2．简述现场质量管理中的"5S"具体代表哪 5 个方面的管理。

3．SMT 质量控制的流程覆盖整个生产过程，请简述主要包括哪些流程。

4．管理和质量保证标准系列主要有哪些？

参 考 文 献

[1] 顾霭云，张海程，徐民. 表面组装技术（SMT）基础与通用工艺[M].北京：电子工业出版社，2014.

[2] 李朝林，徐少明，等. SMT 制程[M]. 天津：天津大学出版社，2009.

[3] 何丽梅，黄永定. SMT 技术基础与设备[M]. 2 版. 北京：电子工业出版社，2014.

[4] 张凤香，何培森. SMT 运行与编程技术[M]. 北京：科学出版社，2012.

[5] 贾忠中. SMT 可制造性设计[M]. 北京：电子工业出版社，2012.

[6] 鲁世金，张有杰. SMT 基础与技能项目教程[M]. 北京：科学出版社，2015.

[7] 何丽梅. SMT：表面组装技术[M]. 北京：机械工业出版社，2011.

[8] 周德检. SMT 组装质量检测与控制（SMT 教材系列）[M]. 北京：国防工业出版社，2009.

参 考 文 献